手绘
课堂

高分应考
快题设计表现
环境设计

汤留泉　编著

U0191201

机械工业出版社
CHINA MACHINE PRESS

快题设计主要考核设计者的手绘能力和设计表达能力，要想取得高分，必须长期练习，并掌握必要的绘制技巧。本书结合实际案例，分层次、分步骤地讲解了单体线稿、组合空间线稿、单体着色稿、组合空间着色稿、快题文字书写、单幅效果图表现、快题设计图稿表现等的具体绘制过程，读者可在阅读过程中学习多种绘画技法，并在短时期内快速提高自身的手绘能力和创意表现能力。同时，本书还介绍了各类院校的考研情况，并制订了相应的考研计划，读者可依据该计划，结合自身学习能力，制订出更详细、更具针对性的备考计划。本书适用于大中专院校室内设计、景观设计及建筑设计等专业的师生阅读，同时也是相关专业研究生入学考试的重要参考资料。

图书在版编目（CIP）数据

高分应考快题设计表现. 环境设计/汤留泉编著. —北京：机械工业出版社，2024.3

（手绘课堂）

ISBN 978-7-111-75371-1

Ⅰ. ①高…　Ⅱ. ①汤…　Ⅲ. ①环境设计—研究生—入学考试—自学参考资料　Ⅳ. ①TU

中国国家版本馆CIP数据核字（2024）第057695号

机械工业出版社（北京市百万庄大街22号　邮政编码100037）

策划编辑：宋晓磊　　　　　　责任编辑：宋晓磊　李宣敏

责任校对：龚思文　李　杉　　封面设计：鞠　杨

责任印制：刘　媛

北京中科印刷有限公司印刷

2024年5月第1版第1次印刷

184mm × 260mm · 10印张 · 255千字

标准书号：ISBN 978-7-111-75371-1

定价：69.00元

电话服务	网络服务
客服电话：010-88361066	机　工　官　网：www.cmpbook.com
010-88379833	机　工　官　博：weibo.com/cmp1952
010-68326294	金　　书　　网：www.golden-book.com
封底无防伪标均为盗版	机工教育服务网：www.cmpedu.com

前　言

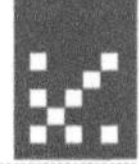

考研是提升自我综合能力的必经过程，快题设计是工业设计、环境设计、建筑设计等专业考研的重要组成部分，需要得到重视。根据专业不同，快题设计考试的重点内容也会有所不同，环境设计包含了室内设计、建筑设计、公共艺术设计、景观设计等内容。在快题设计考试中要能充分利用马克笔的表现力，深度表现出创意思想与空间布局。

追求一份优质快题设计答卷，首先要了解绘制工具，包括绘图笔、马克笔、彩色铅笔等。这些工具适用于不同情况，如绘图笔用于绘制快题线稿，马克笔用于着色，彩色铅笔用于强化质感等。然后要熟练掌握绘制技法，包括基础线条运用、透视原理、着色技巧、文字书写等。接着，进行单幅效果图与快题设计综合表现的强化训练。最后，还要了解院校招考情况，根据自身设计水平和手绘能力制订具有针对性的备考计划，根据评分标准来规划卷面情况。

在快题设计绘制过程中，要注重细节表现，这也是本书的重点内容。

1. 采用不同笔触的线条准确表现空间、结构的形体特征，短线条绘制要果断，长线条需分段绘制。

2. 正确选择透视方式。一点透视适用于表现结构较简单的局部环境；两点透视使用频率较高，适用于表现结构比较复杂，内容较多的整体环境；三点透视则使用较少，多用于绘制鸟瞰视角中的景物。

3. 运用色彩可以突显出单幅效果图的灵动感，单幅效果图中所选用的色彩以同色系色彩为主，以其他色系相辅，但这两种色彩应能够相互融合，色彩之间的过渡和交叉要求和谐，能强化并丰富画面效果。

4. 注重阴影的细节表现，绘制时要尽量避免使用黑色来强化阴影，可利用留白或涂抹涂改液的形式来加强画面的明暗对比，也可在马克笔绘制的基础上均匀排列彩铅线条，这样画面中的阴影也会更具体积感。

除掌握本书的绘制技法外，沉着、冷静的心态也会更利于获取高分。在考试过程中，考生要能以稳定且平和的心态来构思设计，所有笔触和运笔都需恰到好处。无论是近景区域内的绘制，还是远景区域内的绘制，都要符合透视学原理，且整体画面具有较高的完整性。画面应主次清晰，立意明确，且画面整体十分整洁，字迹清楚，设计说明也有理有据，使阅卷老师可以在短时间内了解到考生的设计思路，并能为之惊艳。

为了帮助考生能够以高分通过快题考试，作者深入研究了不同高校不同时期的历年题目和大量优质快题设计作品，从中总结出了一些考取高分的方法和技巧。该书能够帮助考生在熟练掌握透视原理的同时还能深入强化空间层次，强化细节描绘，使快题图稿具备图文一体化的特征。

希望这本书能给学习手绘效果图的同学、正在准备考研的考生、美术爱好者、设计师们带来帮助，也希望大家就本书内容提出宝贵意见。本书附有设计表现视频，如需观看请加微信whcdgr，将购书小票与本书拍照后发送至微信即可获取。本书由湖北工业大学艺术设计学院汤留泉老师编著。

编　者

目 录

前言

第1章 环境设计备考基础

学习难度： ★☆☆☆☆

重点概念： 备考准备、考点、难点、备考计划、评分标准

章节导读： 考研的目的在于深入学习并研究专业知识，快题设计是考研的必经之路。为了以高分通过考研考试，收集相关考试资料和信息是必不可少的，充分了解考研学校信息，选择适合自己的学校。在不断练习过程中，强化自身手绘能力和逻辑思维能力，最终获得高分顺利通过考试。

1.1 考前准备

快题设计是指在规定时间内，以手绘表现的形式表达设计思路和设计意图，并采用绘图笔、马克笔等绘画工具进行创作，是设计考研中较难的一门考试科目。

1.1.1 快题设计基础

快题设计的重点在于采用图像来表现具体的创意与构思，设计内容与时代需求、出题理念、审美心理等都有很大联系。环境设计的快题考试着重表现空间布局、设计风格、透视规律、色彩搭配等细节，尤其应充分表现出人与环境空间之间的和谐关系，包括在材质、比例、规模等方面的和谐统一。

1.1.2 快题手绘工具和材料

工具材料对手绘表现影响很大。不同的工具和材料，能够产生不同的表现效果。设计者应根据设计创意内容特点，结合平时所积累的手绘经验，选择适合自己的工具。熟练掌握这些手绘工具和材料特性，是取得高质量手绘表现效果图的基础。

1. 铅笔

铅笔在快题设计中运用普遍，因为它可快可慢，可轻可重，线条表现非常灵活。在手绘效果图时，一般选择 2B 铅笔绘制草图。但是传统铅笔需要经常削，也不易控制粗细，因此，大多数人更愿意选择自动铅笔（图 1-1、图 1-2）。

2. 绘图笔

绘图笔是针管笔、签字笔、碳素笔等笔类工具的统称。笔尖较软，用起来手感很好，绘图笔画出来的线条十分均匀，适合细细勾画线条，绘制的画面会显得很干净（图 1-3）。

图 1-1　2B 铅笔

↑ 2B 铅笔的软硬度比较合适，太硬的铅笔有可能在纸上留下划痕，如果修改重画，纸上可能会有痕迹，影响美观。太软的铅笔力度不够，很难对形体轮廓进行清晰表现。

图 1-2　自动铅笔

↑ 自动铅笔更适合快题手绘，自动铅笔的铅芯选择 2B，可根据个人习惯来选择不同粗细的铅芯，0.7mm 铅芯不容易断裂，粗细程度适合表现线条的轻重缓急。

图 1-3　绘图笔

↑ 绘图笔根据笔头粗细可分为不同型号，初期练习可以选择中低端品牌的产品，价格便宜，性价比很高，待水平提升后再根据实际情况选择高端产品。

3. 美工钢笔和草图笔

美工钢笔的笔尖与普通钢笔的笔尖不同，是扁平弯曲状的，适合表现硬朗的线条（图 1-4）。草图笔画出来的线条比较流畅，但是比一般绘图笔粗，粗细可控，能一气呵成画出草图（图 1-5）。

4. 马克笔

手绘的主要上色工具是马克笔，马克笔有酒精性（水性）与油性两种，通常选用酒精性（水性）马克笔。马克笔两端有粗笔头和细笔头，可以绘制粗细不同的线条，品牌不同，笔头形状和大小也有区别（图 1-6、图 1-7）。

图 1-4　美工钢笔

↑美工钢笔绘制的线条较硬，适用于表现投影部位的轮廓，多用于快题设计后期强化画面的明暗关系。

图 1-5　草图笔

↑草图笔绘制的线条较软，适用于表现主体构造的轮廓或地面轮廓。

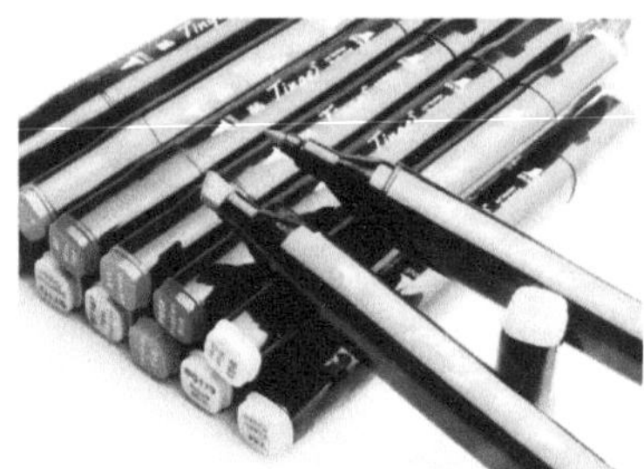

图 1-6　马克笔

↑马克笔具有作图快速、表现力强、色泽稳定、使用方便等特点，全套颜色可达 300 种。

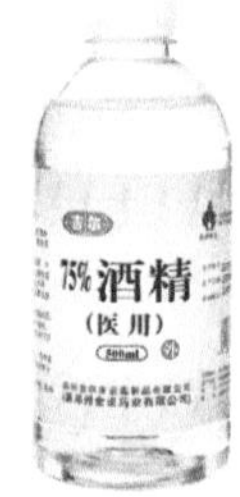

图 1-7　酒精

↑当马克笔墨水用尽时，可以用注射器注入少量酒精，能延续使用寿命。

5. 彩色铅笔

彩色铅笔是比较容易掌握的涂色工具，画出来的笔触效果类似于普通铅笔。除此之外，彩色铅笔能与马克笔结合使用，用来表现主体构造的质感（图 1-8）。

6. 白色笔

白色笔能在快题设计中提高画面局部亮度，使用方法和普通中性笔相同，只是运用部位应当在深色区域，否则无法体现白色效果（图 1-9）。

7. 涂改液

涂改液的作用与白色笔相同，只是涂改液的涂绘面积更大，效率更高，但是不能完全依靠涂改液来修复灰暗的画面效果（图 1-10）。

8. 纸

绘图纸的性价比高且运用普遍，摩擦力与吸水率比较均衡。但是也有不少院校在考试时会发放素描纸，吸水率较高，因此也要适当练习。这两种纸的质地适合铅笔、绘图笔、马克笔等多种绘图工具表现（图 1-11）。

图 1-8　彩色铅笔

↑彩色铅笔有单支系列、12 ~ 96 色系列等，多选择油性彩色铅笔，能塑造出良好的肌理效果。

图 1-9　白色笔

↑白色笔用于勾勒高光轮廓，覆盖性能比不上涂改液，不能用于大面积涂白使用。

图 1-10　涂改液

↑涂改液适合反光、高光、透光部位点绘，覆盖涂改液后就不应再用马克笔或彩色铅笔着色。

图 1-11　纸

↑绘图纸与素描纸交替使用，满足不同院校的考试要求，多以 8 开、4 开幅面为主。

9. 尺

常见的尺有直尺、丁字尺、三角尺、比例尺和平行尺等。直尺用于绘制较长的透视线，方便精准定位；丁字尺能在较大的绘图幅面上定位水平线；三角尺用于绘制常规构造和细节；比例尺用于绘制彩色平面图的精确数据；平行尺是三角尺的升级工具，可以连续绘制常规构造线（图 1-12）。

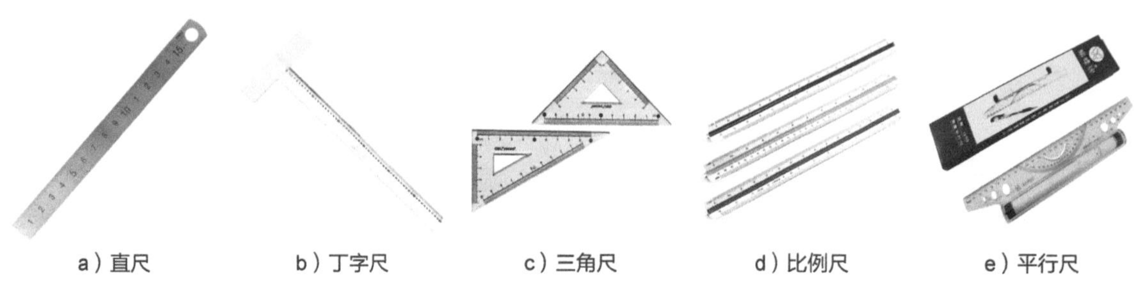

a）直尺　b）丁字尺　c）三角尺　d）比例尺　e）平行尺

图 1-12　尺

↑尺可以较准确地表现效果图中的直线轮廓，其中三角尺和平行尺是必备的，其他可根据需求配置。

10. 橡皮

橡皮主要有软质、硬质与可塑三种。软质橡皮使用最多，用于擦除较浅的铅笔轮廓；硬质橡皮用于擦除纸面被手指摩擦污染的痕迹；可塑橡皮用于减弱彩色铅笔绘制的密集线条（图 1-13）。

a）软质橡皮

b）硬质橡皮

c）可塑橡皮

图 1-13　橡皮

↑使用橡皮是对设计绘制的否定，尽量少用到橡皮，避免浪费宝贵的考试时间，使用橡皮修改细节时要保持画面干净整洁。

1.1.3　备考资料

阅读与考研相关的书籍能够有效提升个人理论素养和专业设计水平；除熟读专业科目书本外，还可阅读一些与设计考研相关的外文翻译书籍，这样能拓展视野，提升自身的设计水平。除此之外，可以在考研网站中寻找相关资料，还可在相关网站下载不同院校历年的考研试卷，并进行模拟测验（图 1-14）。

图 1-14　考研相关资料网站

↑考研网站较多，大多是以销售培训课程为主，不宜过分相信某个网站的培训效果，主要还是通过强化练习来提升自身水平。但是网站上的学习方法、考试技巧、院校信息还是可以参考的。

1.2 各校考研情况

考生应当具备良好的耐心与毅力，目的在于提升自身的业务水平，接触更高层次的专业领域，提升职场综合能力。

在考试前，了解各校的考研情况能够帮助考生选择更适合的学校（表1-1、表1-2）。

表1-1 美术学院导航一览

院校名称	院校地点	校徽	专业课一	专业课二
中国美术学院	杭州		576 环境艺术设计理论	631 专业基础
中央美术学院	北京		721 造型基础（手绘）	821 专业设计（手绘）
西安美术学院	西安		504 专业方向基础（含理论）	613 造型基础（色彩、速写）
鲁迅美术学院	沈阳		621 专业设计（手绘）	812 创意色彩
湖北美术学院	武汉		521 设计素描	650 设计理论及色彩
天津美术学院	天津		702 设计概论	802 现代设计史
广州美术学院	广州		503 专业设计	707 专业基础
四川美术学院	重庆		503 表现与创意	614 中外设计史论

小贴士

考研手绘练习方法

1. 注意细节。绘制时卷面必须保持整洁，相关结构的线条应当绘制流畅且无明显断裂点。

2. 打好基础。注意线条的基础练习，在绘制过程中，所运用的线条种类较多，如长直线、短直线、乱线、曲线等。此外，为了完美塑造设计元素的形体结构，还需经常练习圆的绘制。

3. 临摹优秀作品。可以选择具有代表性的作品临摹，在临摹的过程中要尝试了解该作品的设计意图，并深入探讨该作品的设计思维，以便能在临摹过程中找寻到新的绘制技巧。

表 1-2 综合类院校导航一览

院校名称	院校地点	校徽	专业课一	专业课二
北京建筑大学	北京		504 设计艺术快题	612 设计学基础
南京艺术学院	南京		623 艺术基础（美术编、艺术设计编）	852 设计基础（形式表现）
清华大学	北京		344 风景园林基础	513 景观规划设计
浙江理工大学	杭州		721 专业设计	913 设计艺术理论 Ⅰ
山东建筑大学	济南		562 环境艺术创意表现	766 中外设计简史
浙江师范大学	金华		663 艺术概论	863 艺术综合
华南理工大学	广州		506 命题设计	641 设计艺术理论
山东艺术学院	济南		751 中外设计史	851 设计理论
北京大学	北京		344 风景园林基础、941 建筑设计与城市设计基础	850 城市规划基础
上海交通大学	上海		612 理论综合	806 设计综合
四川大学	成都		504 设计表现	674 中外工艺美术史及现代设计理论研究
北京理工大学	北京		627 理论	880 创作
北京林业大学	北京		503 园林设计	706 风景园林建筑设计
南京林业大学	南京		691 设计理论	891 设计基础一
苏州大学	苏州		612 绘画基础	823 艺术史
江南大学	无锡		705 设计理论	841 综合设计

1.3 考点和难点

研究生考试是选拔性质的考试，通过考试来选拔具有创新理念的学生。快题设计的考点和难点，在于通过手绘形式全面且清晰地展示设计内容，同时诠释设计内涵，强调画面中的创新意识。

1.3.1 方案设计与设计表现

方案设计主要考核考生的综合设计素养，如场地处理、空间操作、形态设计、设计表达等能力。设计表现是呈现考研快题最终效果的手段，它主要考核考生对色彩的运用能力和实际的手绘能力等。在设计表现中，要求考生能够清楚地表现出平面图、立面图、效果图、剖面图、设计说明等内容（图 1-15、图 1-16）。

图 1-15 空间效果图（汪建成）

↑方案设计的难点在于通过空间布局和设计内容达到考题要求，通过有创意和实用性的方案来获取阅卷老师的青睐。

→设计图稿需要在构图、比例、结构、透视、空间、尺度等方面都没有任何错误，且图稿中应主次分明，配景绘制生动、形象，运笔有力，笔触潇洒，色彩搭配也应十分合理。

图 1-16 绿化效果图（汤彦萱）

1.3.2 考试时间规划和控制

快题考试所需要绘制的内容较多，要在规定的时间内绘制出一幅符合考题要求，且能吸引阅卷老师的快题图稿是有困难的。

要想获取高分，首先要做到的是平常心态，拿到考题之后一定要先审题，要明确考题的相关要求，然后开始设想设计中可能会囊括的内容，并构思出初步设计方案。确定方案之后，便可根据考试时间分段进行绘制，在绘制之前需要构思好每项内容所需花费的时间，并预留出一定时间做最后的完善和审查。

小贴士

快题设计的思维方式

快题设计要有较强的空间意识。例如，利用竖向地形或竖向台地进行空间分隔；利用建筑小品或构筑物进行空间围合 利用高低不同的植物进行空间划分；利用不同结构的纹理进行空间提示等。在快题设计过程中，一定要避免画面枯燥乏味、平铺直叙，要能使阅卷老师有惊艳感。

1.4 制订备考计划

备考计划要具有逻辑性和系统性，周密的备考计划能有效提高考研备考的学习效率。

根据自身学习能力与考研流程制订时间规划表格，从而能从容面对考试（表 1-3、表 1-4）。

表 1-3 考研时间规划

时间		规划的内容
第一年	1月	确定好考研专业，收集考研相关信息，可适当听一些与考研相关的讲座，加深对考研的认识
	2月	多听一些讲解考研具体形势的讲座，开始制订学习计划
	3月	全面了解报考专业的相关信息，如报考难度、报考分数线以及考试题型等
	4～5月	第一轮复习，不仅要注重基础理论知识的学习，还要增加手绘操作能力训练，大量临摹优秀作品，学会正确的快题设计方法，从优秀作品中寻找、总结出模板并进行深化设计
	6月	网上收集与考研考试大纲有关的资料，适当购买辅导用书，或选择报班学习
	7～8月	第二轮复习，开始刷题，要注重对考试题型的研究，并反复研究错题，争取在模拟试卷中获取高分；手绘方面的练习也应当提高难度，可选择历年来的真题进行模拟答题，这样也能加深对环境设计的理解，同时应注意选择不同设计主题进行快题设计绘制
	9月	密切关注各招生单位的招生简章和专业计划，购买相关书籍，了解清楚关于专业课的考试信息，包括考试地点、考试时间等
	10月	第三轮复习，归纳、总结，充分了解自身学习情况，并准备报名

（续）

时间		规划的内容
第一年	11 月	明确现场报名时间，并现场确认报名。继续第三轮复习，这一阶段要加强专业知识的学习和手绘操作能力方面的训练，要学会举一反三，能够发散性地理解考题，并有足够的信心可以通过考试
	12 月	考前整理与考前冲刺，要有较强的心理素质，熟悉考试环境，调整好考试心态，准备初试
第二年	2 月	查询初试成绩
	3 月	密切关注复试的分数线，并制订相应的计划
	4 月	调整好心态，联系好招生院校，准备复试
	5 月	查询复试成绩，准备迎接未来的研究生学习生涯

表 1-4　时间规划周计划参考表

周目标： 固定完成一定量的手绘练习，并学习和背诵一定量的单词							
时间	× 月 × 日	× 月 × 日	× 月 × 日	× 月 × 日	× 月 × 日	× 月 × 日	× 月 × 日
	星期一	星期二	星期三	星期四	星期五	星期六	星期日
7:00							
8:00							
9:00							
10:00							
……							
19:00							
20:00							
21:00							

小贴士

快题设计整体视觉关系

快题设计要想塑造较好的视觉效果，要点在于整体视觉关系要能达到要求。整体视觉关系主要体现在空间结构与细节、整体与部分之间的平衡感，要求设计者能从整体构图、透视、比例、结构细节、标题文字、色彩搭配、空间布局等角度来考量和绘制。还可以通过画面跳跃度来使设计的视觉主题更鲜明，通过色彩渐变与灰度变化来实现画面变化，同时需注意阴影比例与明暗对比变化对画面的影响。

1.5 快题试卷评分标准

高分快题答卷应具备可行性、美观性和可读性三大特征。可行性指设计的内容要能满足公众需要，且需符合考题要求；美观性指设计的内容要能满足形式美的要求；可行性指设计的内容要能具备现实价值，且阅卷老师能很快看懂设计内容。

1.5.1 评分标准

每所学校快题设计试卷的评分通常可以分为四轮。

第一轮为海选轮，即阅卷老师浏览所有试卷，并选出视觉表现相对较差的试卷，将其放入不及格的一类试卷中。

第二轮为分档轮，即根据卷面情况将剩下的试卷分为 A、B、C、D 四档。

第三轮为细化轮，即将之前分档的试卷再次进行划分，分为上、中、下三个级别，以字母加符号的形式标明，如 A+、A 等。

第四轮为评分轮，即对试卷评分，分数可有 1 ~ 2 分的差值（表 1-5）。

表 1-5　快题设计试卷评分标准

分档	分数	卷面情况
A+	135	完成考题要求绘制的内容，且图面丰富，非常扣题，图中各功能结构十分合理，图面没有错误，设计手法运用娴熟，设计思想十分新颖，图纸所呈现的视觉效果十分不错
A	120 ~ 134	完成考题要求绘制的内容，且图面丰富，非常扣题，图中各功能结构十分合理，图面没有错误，设计手法运用娴熟
B	105 ~ 119	完成考题要求绘制的内容，且图面丰富，非常扣题，图中各功能结构相对比较合理，图面有少量错误，设计手法运用一般，图面效果尚可
C	90 ~ 104	完成考题要求绘制的内容，图面丰富程度一般，但与考题基本相符，图中各功能结构较合理，图面错误之处较多，设计手法运用生疏
D	90 以下	具有一定的表现力，但没有完成考题要求绘制的内容，且图面内容较少，与考题相悖，图中各功能结构也不合理，图面错误和硬伤较多，表现效果也不佳，存在词不达意和图不达意的情况

1.5.2 能力展示

阅卷老师往往会从卷面的整洁度、设计内容的创意性、设计色彩的协调性、设计构思的独特性等角度来评判该快题答卷是否值得给予其高分，下面主要介绍一些获取高分的小技巧。

1. 展示思维能力

快题设计要求考生的设计内容紧扣考题，且能够具有一定的现实意义和经济价值；除此之外，快题设计应能表现考生较强的思维能力，细致描绘各种设计元素的功能、材质、色彩和比例等。备考时，考生应对画面中的主体构造进行专项训练，如对主体家具进行强化表现（图 1-17）。

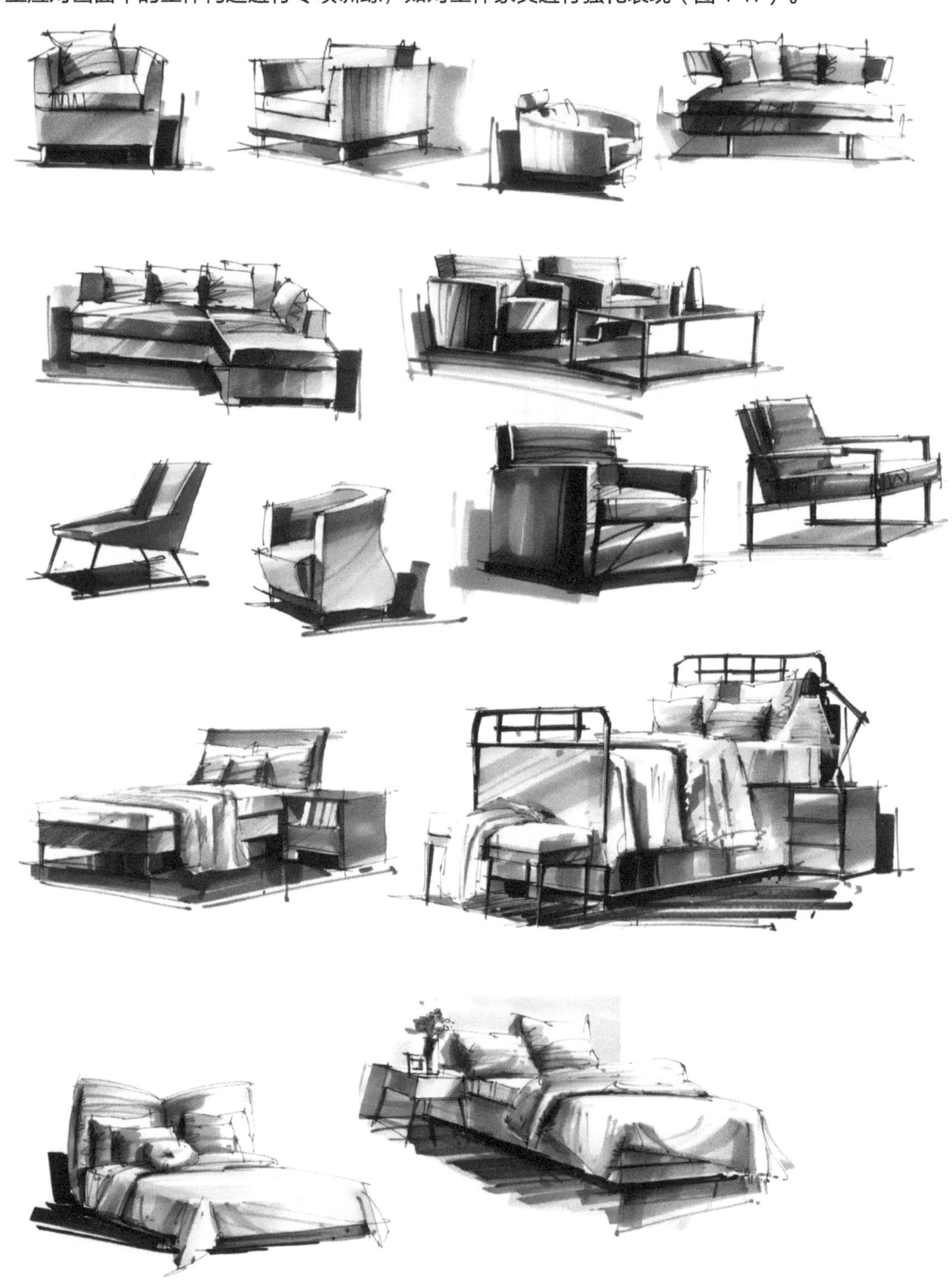

图 1-17　优质单体着色效果图（汪建成）

↑运笔干练简洁，用宽笔触快速覆盖家具的各面域，让明暗面形成强烈的色彩对比。适当运用马克笔细头来丰富过渡面域，形成丰富的画面效果。在备考期间应当多绘制这类家具或局部场景，熟悉环境空间中物件的造型方法。

2. 突显造型能力

快题设计要求考生在设计构筑物与周边配景的色彩和形态时，应当使其符合形式美法则，并能塑造出较好的视觉效果。考生应能在图稿中清楚表现出构筑物及周边配景的轮廓、色彩方案、效果图及形体特征等（图 1-18）。

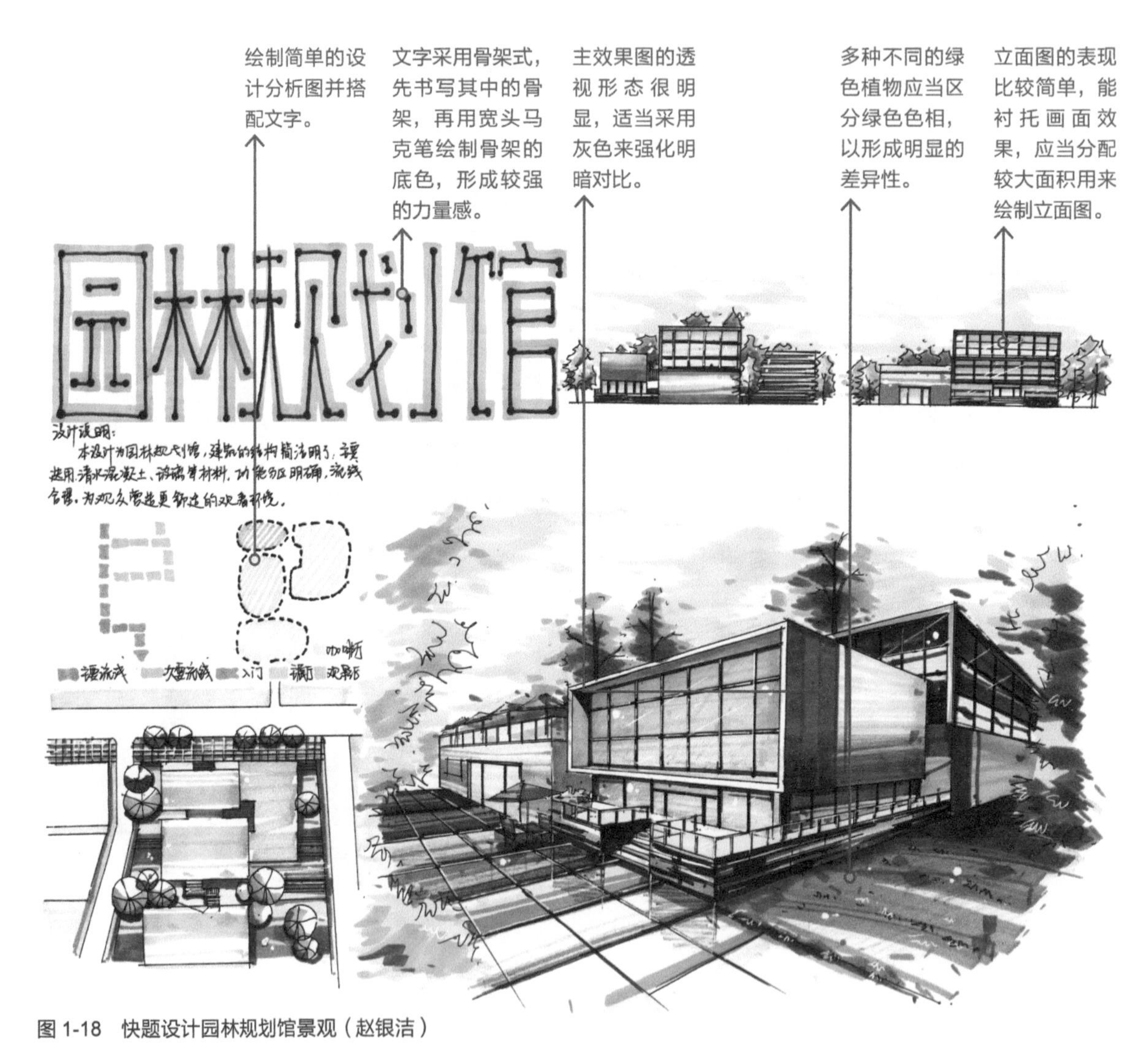

图 1-18　快题设计园林规划馆景观（赵银洁）

3. 主次分明条理清晰

快题设计图稿要能清晰表现出空间内具体的布局特征，明确表明主次关系，包括道路系统的主次对比、构造设施的主次对比、绿化水景的主次对比、色彩的主次对比等。例如，在环境景观空间中道路系统可分为一级道路、二级道路、三级道路、小园路等，在绘制的过程中可通过直线、曲线、折线等来表现出道路的曲折回转。

由于阅卷量大，而阅卷老师又精力有限，因此卷面整洁、字迹清晰、紧扣考题、条理清楚的答卷会更容易获得高分。考生在审题过程中，要明确考题重点，立意要明确，绘制时要分清轻重。书写设计说明要抓住重点内容描述，用词、用语等都要规范化（图 1-19）。

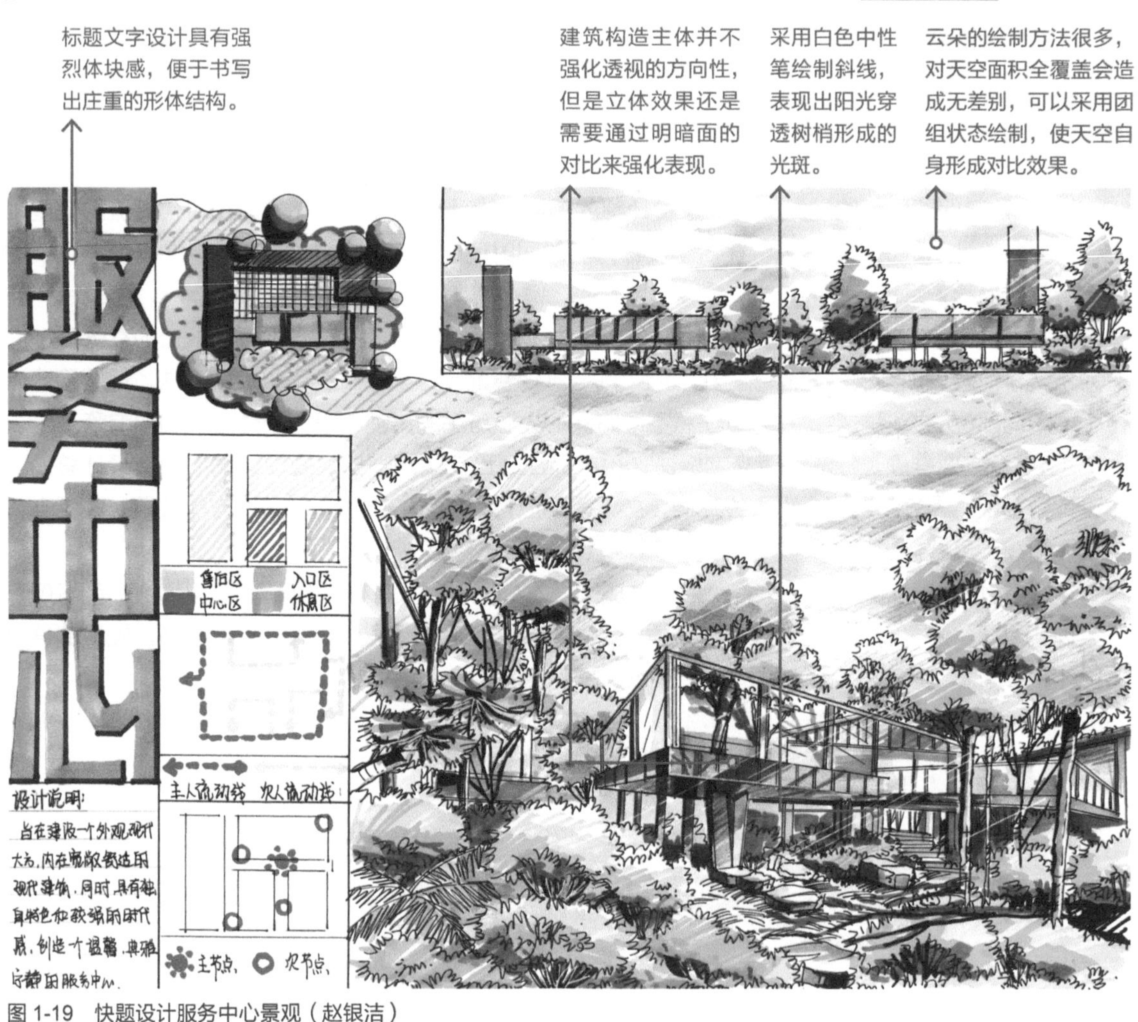

图 1-19　快题设计服务中心景观（赵银洁）

景观快题设计创意步骤

1. 结构建立。建立行走通道、休憩、娱乐以及观景等空间使用情景，注意空间中的对称、对景、收放等关系。

2. 地面设计。设计基于地面基础产生的绿地，应当是建筑基底和必要道路以外的空地，不可将绿地作为填补空地，同时地面设计还需集中起来，要设计成有规模、有设计深度的景观，这包括铺地样式、喷泉、构筑物、大尺度的人工湖等。

3. 单体设计。预先参考优秀设计作品的设计理念，并适量记忆一些具体的构造形体，这样具体绘制时也会比较有把握。

小贴士

快题设计高分原则

1. 所绘制的内容要能符合设计的内容要求与设计深度要求，绘制思路必须清晰，且重点和目标定位必须明确，其功能布局和空间结构也必须合理化。

2. 重视设计与场地特征的融合，所选用的形式塑造方式必须符合要求。

3. 空间内设计的内容要能与周边环境相互呼应，要符合设计规范的基本要求，景观平面图上还应标注方向，应用指北针来表示。

4. 注重细节处理

（1）线条绘制应分明。注意线条与线条之间的连接应当流畅无断裂，所绘制的线条应当粗细分明，不可有过多的杂线，且空间内设计元素的不同细节部位和阴影处所用线条的粗细及深浅度也应当有所区别。

（2）注意保留图纸的设计感。注意设计感的塑造，设计感是迎合现代文明和时代潮流的重要体现，且具备设计感的快题设计图稿在展示设计方案的同时还能有所创新，并能够在色彩、质感以及图面布置等方面给人耳目一新的感觉。

（3）要表现出透视感。透视感的体现主要是为了增强设计元素在二维平面图纸上的立体感，同时为了丰富快题表现图稿的画面感。在绘制之前，不仅要确定好绘制所选用的透视方法，还要厘清设计个体不同部位的透视关系，并着重注意不同方向的光源对空间透视和设计个体透视的影响等。

（4）标注要准确。标注包括文字标注、尺寸标注及设计说明。在快题设计图稿中有设计总说明和设计分部说明，分部说明会用引线标明，总说明则放置于图幅的中心处或右下方等位置。说明文字字迹要清晰，尺寸标注一般只做简要说明。

（5）配色要营造舒适感。色彩对最终形成的视觉效果有很大影响，快题表现图稿的配色不仅要满足现实情况，还要能清晰地表现出材料质感，色彩搭配也应当合理化，并能传达舒适、轻松的情绪（图 1-20）。

图 1-20　快题设计书店（许永婷）

第2章 快题设计线稿绘制

学习难度：★★☆☆☆

重点概念：基础画法、透视原理、单体线稿、组合空间线稿

章节导读：本章介绍绘制线稿的用笔姿势、线条表现技法、基本透视方法等内容，同时列出单体线稿与组合空间线稿案例。基本线条包括直线、曲线、乱线等，在绘制线稿时要灵活运用，为后期着色奠定良好基础。

2.1 灵活用笔与线条表现

正确的用笔姿势能轻松绘制线条，而线条绘制又是塑造表现对象的基础。在绘制初期，应反复练习线条绘制，掌握线条绘制的方法，以便能绘制出具有视觉美感的快题线稿。

2.1.1 用笔姿势

绘制快题图稿一定要注意用笔姿势。在绘制时需将小指放置于纸上，使其成为绘制的支撑点，压低笔身后开始绘制线条。绘制横线时，手臂应当随着手部一起运动；绘制竖线时，应当运用肩部的力量来移动绘图笔，注意应匀速运笔，这样所绘制的线条才会更直（图 2-1）。

a）正面握笔

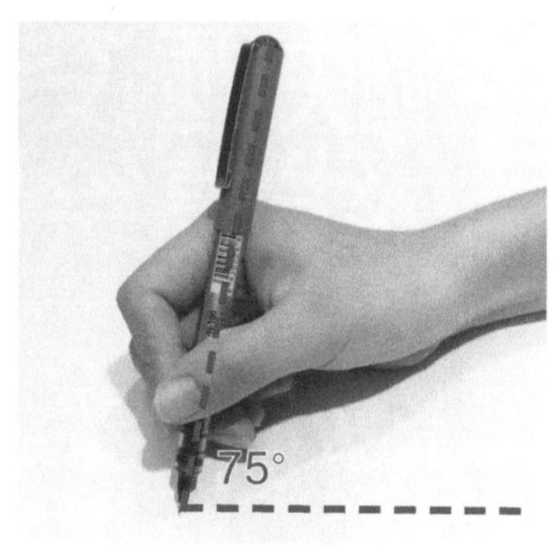

b）侧面握笔

←经过长期基础手绘练习后，握笔的手指可稍稍远离笔尖，这样也能有效提高手绘的速度。注意运笔时要控制好下笔角度，要保证倾斜的笔头与纸张能够全部接触，正面握笔角度为 45° 左右，侧面握笔角度为 75° 左右。

图 2-1　握笔方式

2.1.2 基本线条表现技法

线条是快题设计表现的基本构成要素，它会影响画面质量。在绘制线条时要处理好虚实关系和光影关系，一般受光面虚，背光面实；转折结构线实，纹理线虚。

不同的线条会传递不同的情感。在快题设计线稿中，基本的线条包括直线、曲线和乱线等，其中直线又包括垂直线、水平线、斜线等。在绘制这些线条时，要能处理好笔触的快慢、虚实、轻重等关系，并能灵活运用线条，有效增强画面感染力（图 2-2 ~图 2-7）。

图 2-2　分点绘制长线

↑在绘制线条时要具备足够的耐心，切忌连笔、带笔。绘制长线条时也不可一笔到位，最好将其分成多段线条来拼接，注意接头应当保持空隙，但空隙的宽度不可超过线条的粗度。由于绘制过长的线条时，线条的平直度不太好控制，因此可利用铅笔做点位标记，然后再沿着点好的标记来连接线条，一般绘图笔的墨水线条是需要遮盖住铅笔标记的。

图 2-3　线条的交错

↑近处确定的构造应当交错；远处模糊的构造应当分离；既不交错，又不分离容易造成墨水淤积，污染画面。

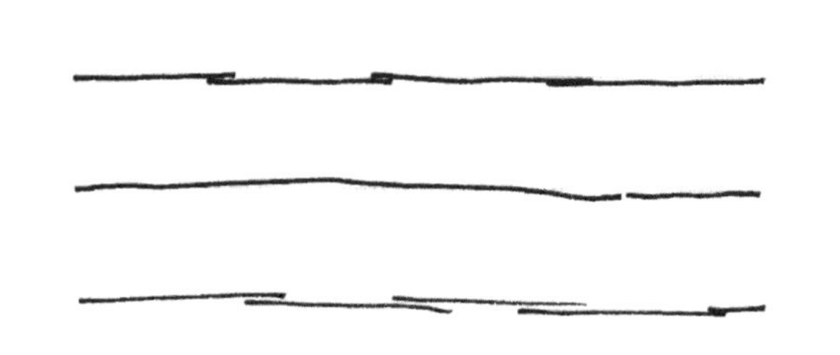

图 2-4　错误的线条

↑绘制较长线条时要避免收尾交错或明显弯曲。

图 2-5　正确的直线和曲线

↑当线条较长且很难控制方向时，可以分段绘制，保留一些间隙，避免线条接触后造成墨水淤积。

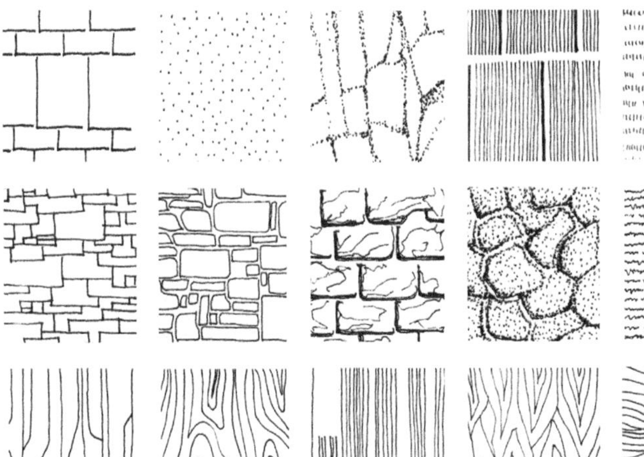

←模拟练习常见的材料纹理，并熟记用笔方式。

图 2-6　线条的材质表现

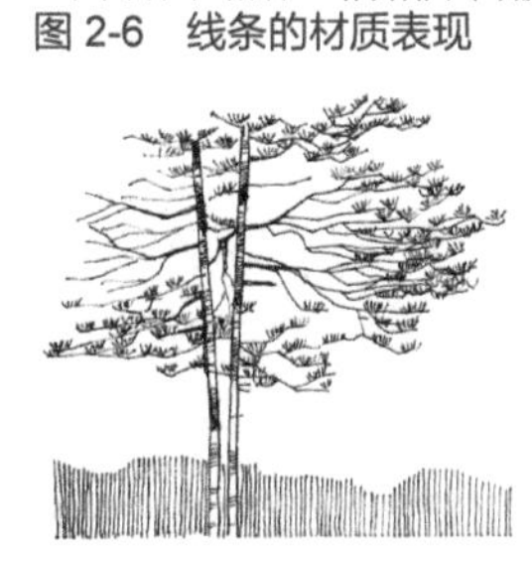

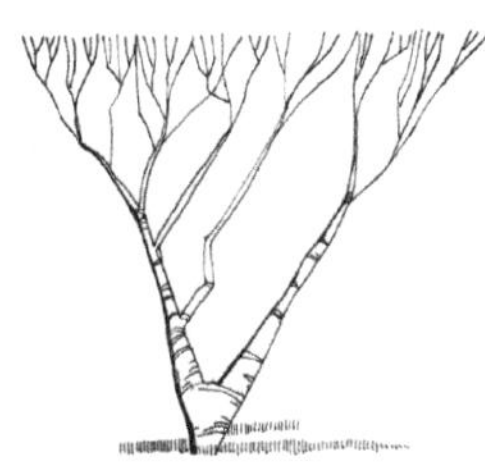

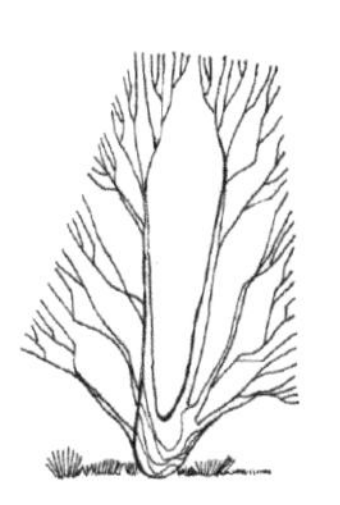

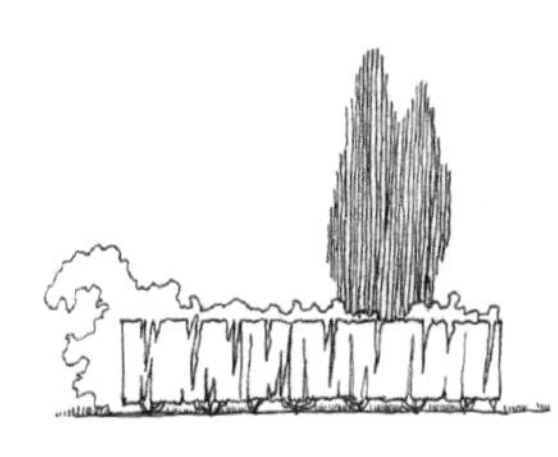

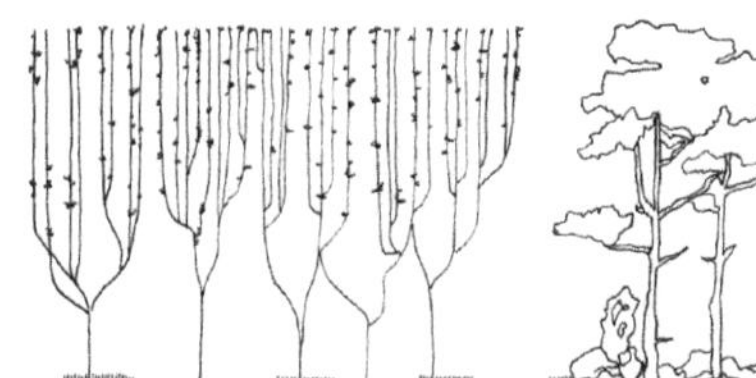

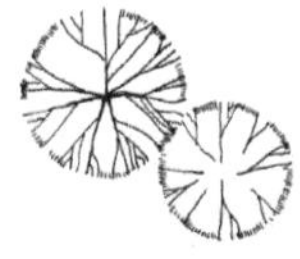

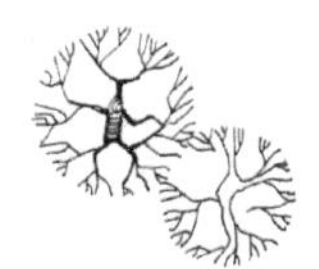

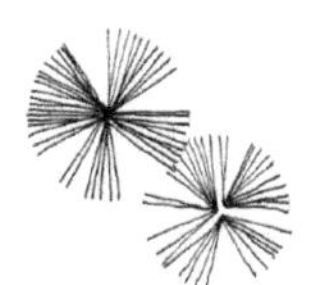

←树木的难点在于树叶，环境设计快题中的树木多为配景，不用强化树叶，仅通过线条来表现枝干形态即可。

图 2-7　线条绘制树木

1. 直线

直线多见于徒手表现中，大部分景观空间或室内空间中的形体都是由直线构成的。直线可分为快线和慢线，这两类线条各有各的特点（图 2-8、图 2-9）。

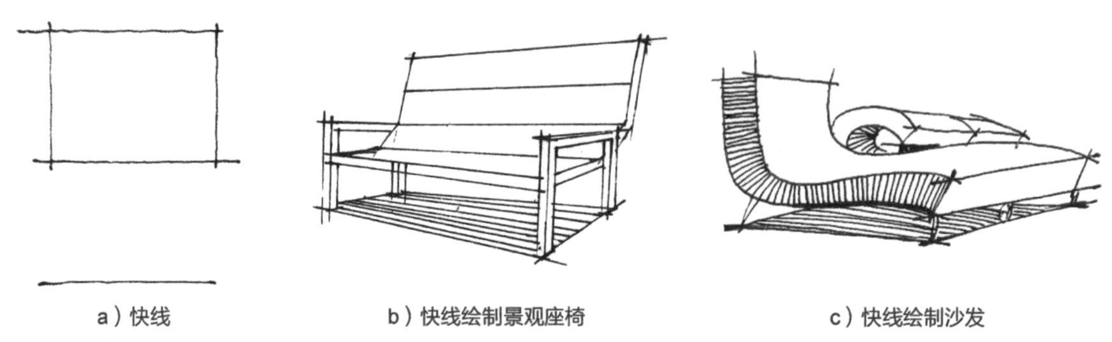

a）快线　b）快线绘制景观座椅　c）快线绘制沙发

图 2-8　快线画法

↑快线用于绘制次要对象，也可用于绘制处于画面周边区域的配饰，绘制时要一气呵成，所绘制的线条要具有灵动性和生命力。

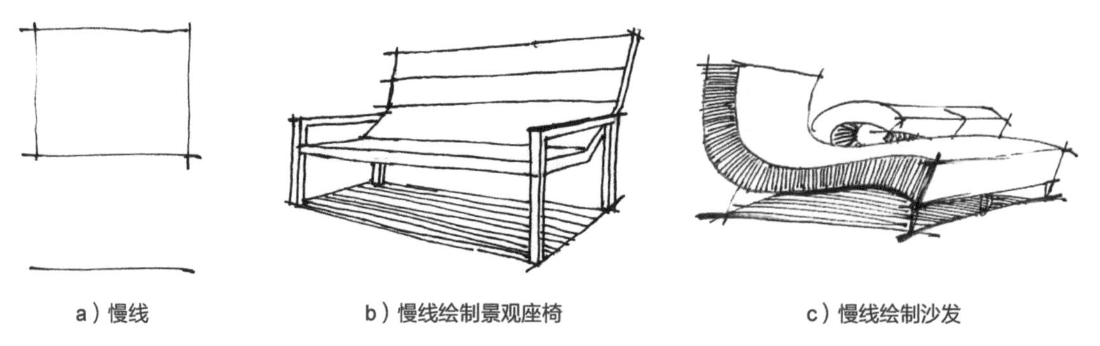

a）慢线　b）慢线绘制景观座椅　c）慢线绘制沙发

图 2-9　慢线画法

↑慢线用于绘制主要对象，也可用于绘制处于画面中心地带的对象，要求绘制的线条具备一定灵动性，并能确保比例和透视的正确性。

直线通过尺规或徒手的形式来绘制。借助尺规绘制的方式多用于幅面较大且形体较大的快题设计中，如 A3 以上幅面，主要绘制处于画面中心的主体对象。徒手绘制直线时要求控制好运笔速度，且运笔需刚劲有力，起笔和收笔需符合要求。练习时，一般以徒手为主，避免经常使用尺规形成依赖（图 2-10 ~ 图 2-13）。

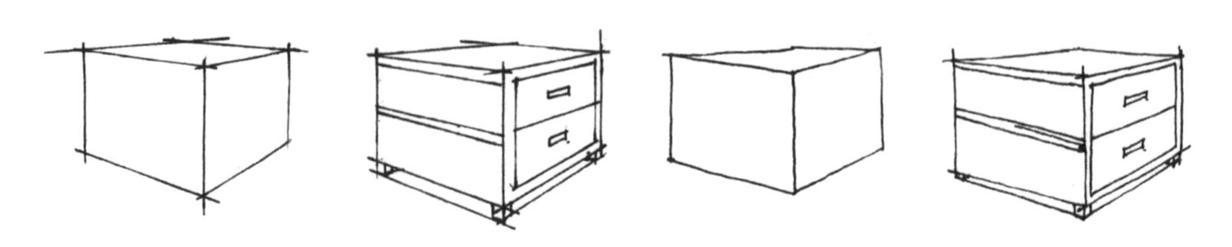

图 2-10　尺规绘制

↑尺规绘制速度较慢，主要用于表现重要构造的轮廓，如空间的主体墙面、家具等。

图 2-11　徒手绘制

↑徒手绘制速度较快，但是准确度低，主要用于表现辅助构造，如小件家具、配景植物等。

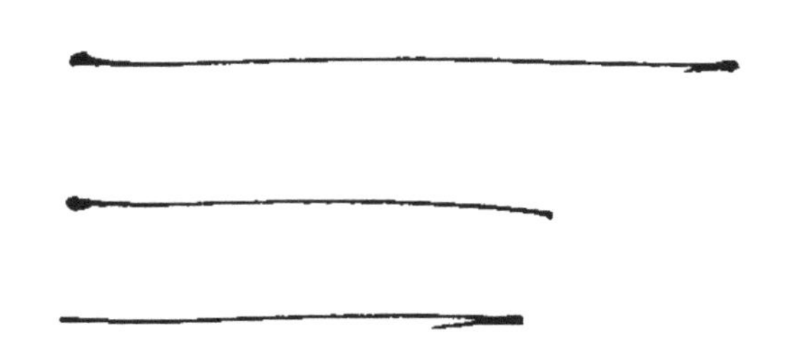

图 2-12　直线的起笔与收笔

↑绘制直线时需要匀速运笔，起笔需顿挫有力，收笔需有所提顿。

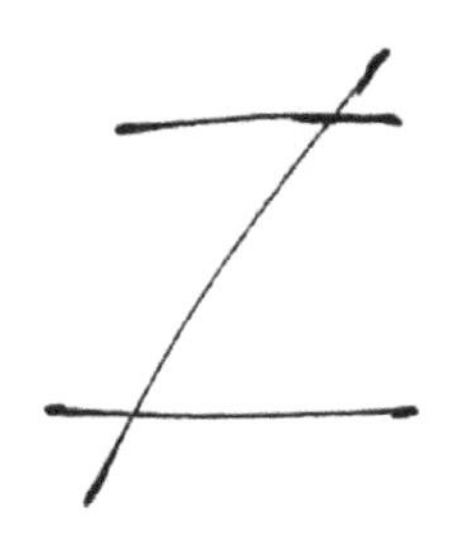

图 2-13　交叉直线

↑绘制交叉线时需注意，当两条线段交叉时，最好是反方向延伸的交叉线，这样所能表达的图像意图会更强烈；这种绘制方式也能有效避免两条交叉线的交叉点出现墨团，从而影响最终的视觉效果。

强化长短直线与多样直线练习，表现出构造中的明暗对比层次，丰富画面效果，为后期着色打好基础（图 2-14、图 2-15）。

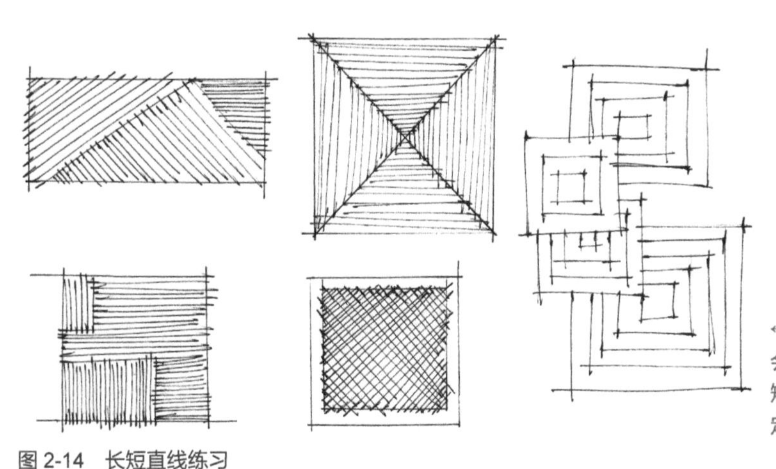

←长直线应当分段绘制，这样绘制的直线会更有连续性，视觉效果也会更好；绘制短直线时要注意各短直线之间应当留有一定的孔隙，不可连接在一起。

图 2-14　长短直线练习

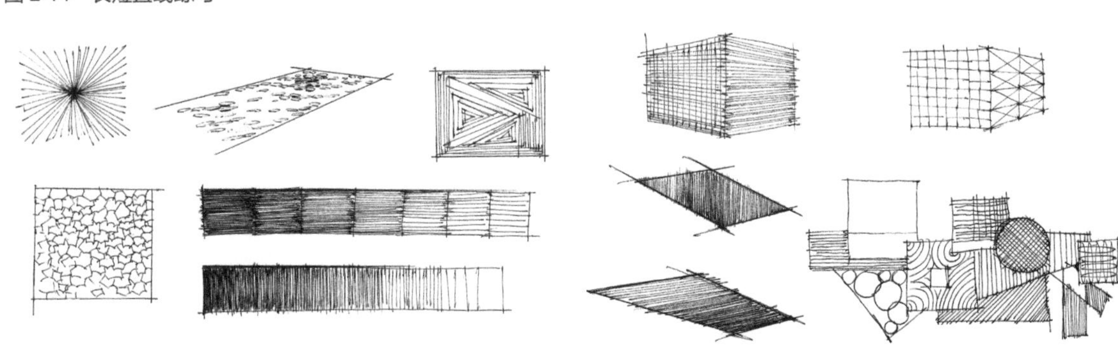

图 2-15　多样直线练习

↑除了练习基本线条的绘制外，还需要明确透视原理，也只有夯实的基础，才能塑造更具个性化和视觉魅力的图面效果，才能将设计灵感和设计创意融会贯通，并在二维平面图纸上展示出来。

2. 曲线

曲线绘制的难度比较高，使用范围比较广，线条要求具备一定流畅度和生动感。绘制时要灵活运用笔和手腕之间的力量，绘制曲线时可选用慢线绘制并加强练习（图 2-16）。

3. 乱线

乱线多用于表现植物的形态特征、纹理、阴影等，在绘制乱线时可交替绘制直线和曲线，以便能塑造出更具自然美和韵律美的线条（图 2-17）。

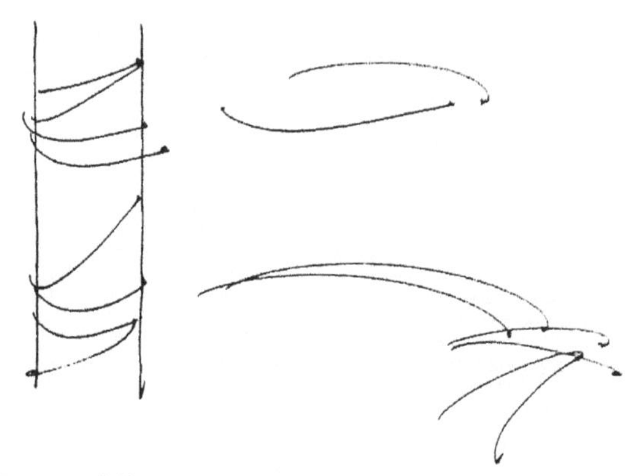

图 2-16　曲线

↑曲线的绘制要符合整幅图稿的图面情况，较长的曲线应分段绘制，这样所绘制的曲线比例也会更合理。

图 2-17　乱线

↑波浪线属于乱线的一种，它适用于表现绿化植物以及水波等配景，也可用于密集排列线条，以增强画面的层次感。注意绘制波浪线时要确保每个波浪起伏大小的一致性，波峰之间的间距和线条的粗细等也应当保持一致。

将直线、曲线、乱线多种形式相结合，反复练习，熟悉线条表现的特性。模拟练习快题设计中经常出现的构造形体与层次关系（图 2-18）。

→对线条进行多样化练习，能提升对线条的操控能力，让线条变化出多种形态，丰富画面效果。

图 2-18　多样线条练习

2.2 透视原理

透视原理和快速表现是手绘入门的基础课程，在绘制时要明确透视的几项基本原理，即近大远小、近实远虚、近明远暗、近高远低，掌握好这些透视原理，并进行长期练习。

由于视点和视平线的定位直接影响快题图稿的质量，在绘制时就应当选择合适的构图，并能通过对透视中各要素的合理分配，从而表现完整的设计构造（图2-19、图2-20）。

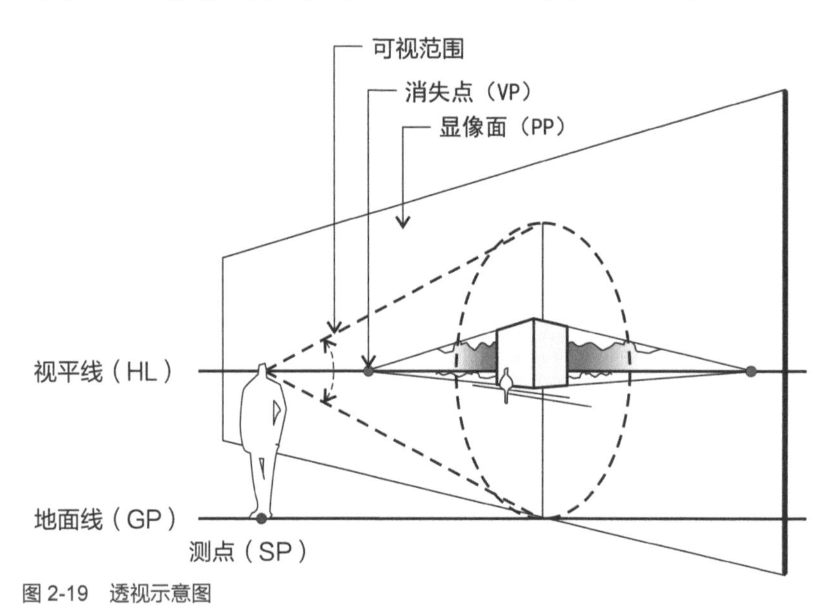

←绘制之前需明确透视中的要素：
1. 视点，指人眼睛的位置。
2. 视平线，指由视点向左右延伸的水平线。
3. 视高，指视点和站点的垂直距离。
4. 视距，指站点（视点）离画面的距离。
5. 灭点，又名“消失点”，是空间中相互平行的透视线在画面上汇集到视平线上的交叉点。
6. 真高线，指建筑物的高度基准线。

图2-19 透视示意图

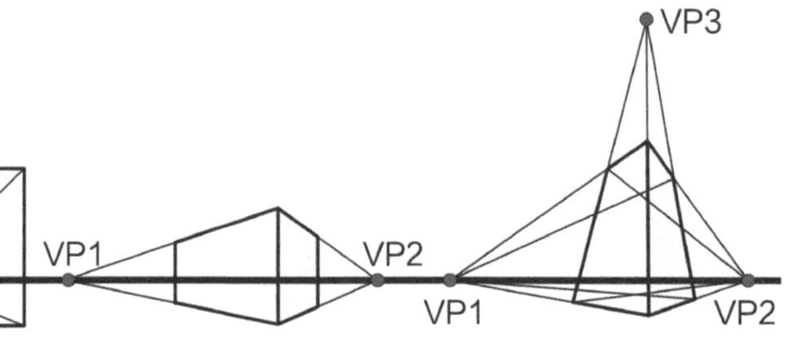

←根据消失点不同，可将透视分为一点透视（平行透视）、两点透视（成角透视）和三点透视。

a）一点透视

↑在一点透视中，观察者与面前的空间平行，只有一个消失点，所有的线条都源自这个点，设计对象一般呈现四平八稳的状态，这种透视方式有利于表现空间的端庄感和开阔感。

b）两点透视

↑在两点透视中，观察者与面前的空间形成一定的角度，所有的线条源于两个消失点，即左消失点和右消失点，这种透视方式能够有效地突显出设计对象的细节和层次。

c）三点透视

↑三点透视一般很少使用，它的绘制特点与两点透视类似，只是观察者的观察姿态呈现后仰趋势，多用于表现高耸的建筑和内部层高较高的空间。

图2-20 透视的种类

2.2.1 一点透视

一点透视是指当人正对着物体进行观察时所产生的透视范围，这种透视方式只有一个消失点，且能塑造较强的纵深感，适用于表现庄重、对称的空间。由于一点透视中主体观察者是面对着消失点的，因此物体的斜线一定会延长相交于消失点，横线和竖线之间也一定是垂直且相互间平行的关系。通过这种斜线相交于一点的绘制方法，能够很好地表现出近大远小的视觉效果（图 2-21 ～图 2-24）。

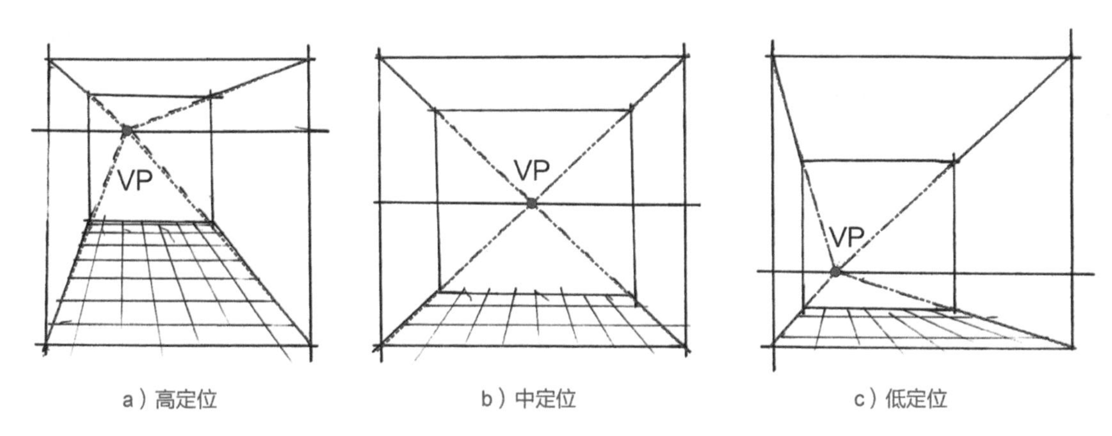

图 2-21　一点透视视点定位

↑如果要准确定位视点，需提前确定好视平线与消失点的位置。视平线是定位透视时必要的一条辅助线，而消失点则正好位于视平线的某个位置上，视平线的高低情况决定了空间视角的具体定位。一点透视的消失点在视平线上应稍稍偏移画面 1/4 ～ 1/3 较适宜，且在表现景观时视平线则一般定位在整个画面靠下 1/3 左右的位置较为适宜。

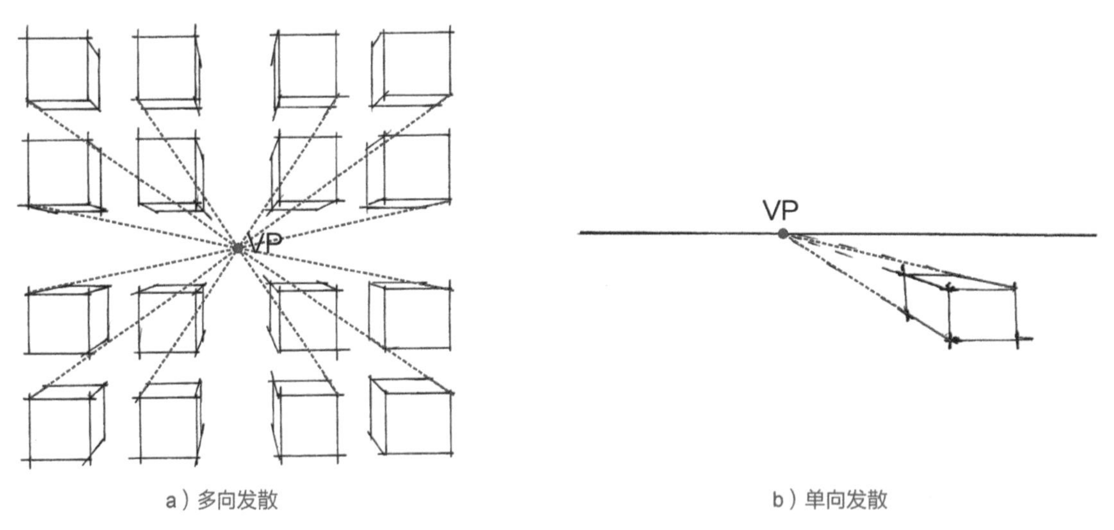

图 2-22　一点透视练习图

↑一点透视的消失点理论上是位于基准面的中间，但是定点的位置过于正中，就会显得整幅图面比较呆板，为了有效增强画面的生动感和活泼感，可以根据具体空间的类型来确定透视的消失点。

小贴士

局部绘制

局部绘制要求刻画细节，在绘制时要利用线条的粗细来表现出画面的深浅，并能通过对线条长短的灵活应用，从而实现增强画面视觉效果，细致表现画面细节的目的。

图 2-23　住宅客厅一点透视图

图 2-24　公园景观一点透视图（李碧君）

小贴士

绘图中的不良习惯

1. 过于依赖铅笔。长期依赖铅笔绘制形体轮廓，绘制效率低，擦除难度也较大，可单独练习线条，并待熟练后再正式开始绘制。

2. 着色过于匆忙。对线条进行强化训练，严格控制线条交错部位，确保线条的准确性。

3. 绘制顺序不正确。应厘清形体轮廓描绘和着色的先后顺序，先轮廓后着色。

4. 深色的过度运用。深色运用过多，反而会减弱画面的对比效果，色彩所占比例应当是15%深色、50%中间色、30%浅色、5%透白或高光。

2.2.2　两点透视

两点透视又称为成角透视，是指所有斜线均消失于左右两点上，而物体的对角正对着人的视线。这种透视方式适用的范围比较广，在绘制时由于有两个消失点，因此左右两边的斜线既要相互交于一点，同时又要保证两边的斜线比例能够处于正常值（图 2-25 ~图 2-29）。

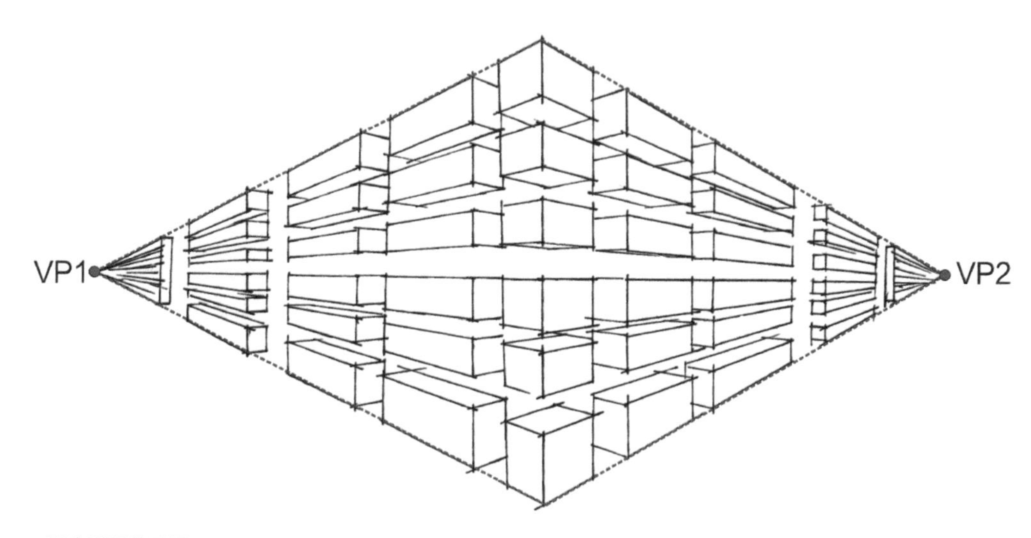

图 2-25　两点透视练习图

↑两点透视的运用和掌握都较难，一般当人站在物体正面的某个角度观察物体时，就会产生两点透视，也因此这种透视视角会更符合人的正常视角，所营造的画面感也会更具真实性和生动性。两点应当消失在地平线上，但消失点又不宜定得太近。

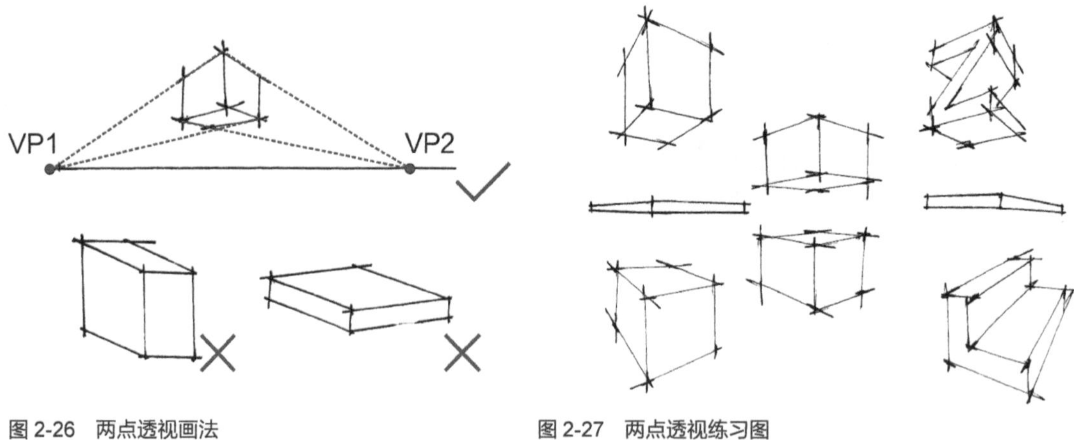

图 2-26　两点透视画法

↑两点透视要严格遵循消失点的方向，不能凭空绘制大致的方向。

图 2-27　两点透视练习图

↑两点透视要从多个角度强化练习，在画面中可能出现的角度都要考虑到。

小贴士

手绘的意义

手绘是快题设计的直接载体，同时二者也是相辅相成的关系。在手绘过程中，可以有效融合创意设计思想，全面表现设计者的思想。这个过程也是思考如何更好设计的过程。此外，手绘是培养设计者设计能力的一种有效方式，无论是在设计初始阶段，还是方案推进过程中，优质的手绘水平总能给予创意设计很大帮助。

图 2-28　商业柜台两点透视图（张达）

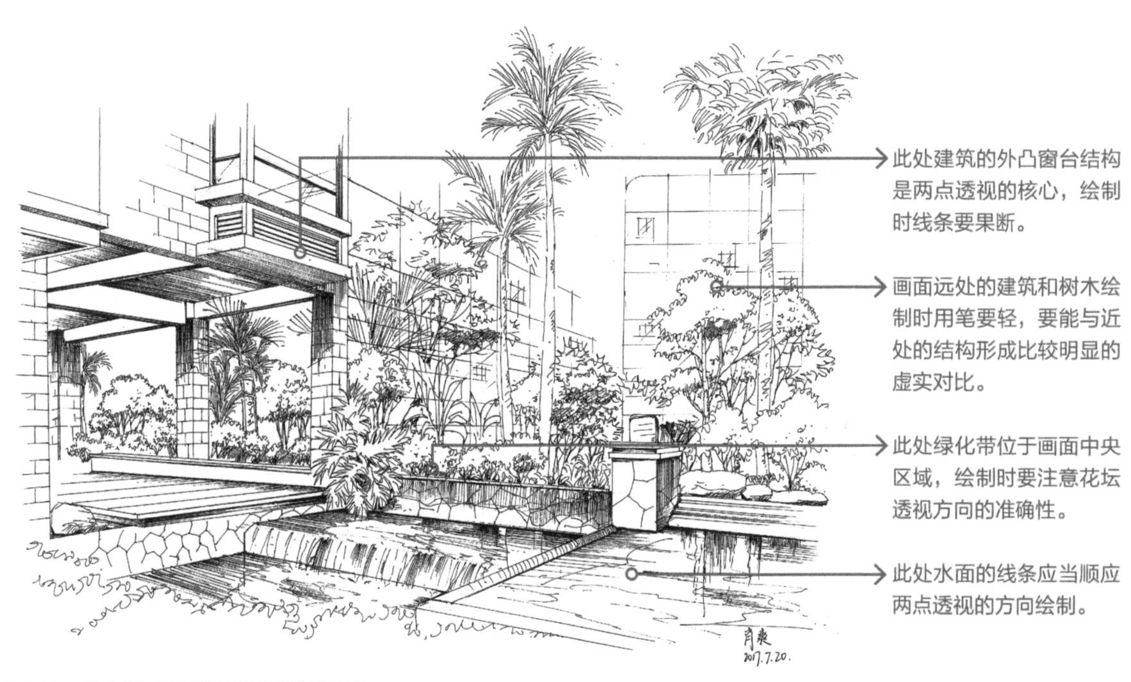

图 2-29　住宅区景观两点透视图（肖爽）

2.2.3　三点透视

三点透视多用于绘制超高层建筑的俯瞰图或仰视图，偶尔会用于室内空间中的单体元素绘制。使用这种透视方法时需注意，第三个消失点必须和与画面保持垂直的主视线以及视角的二等分线保持一致（图 2-30 ~图 2-32）。

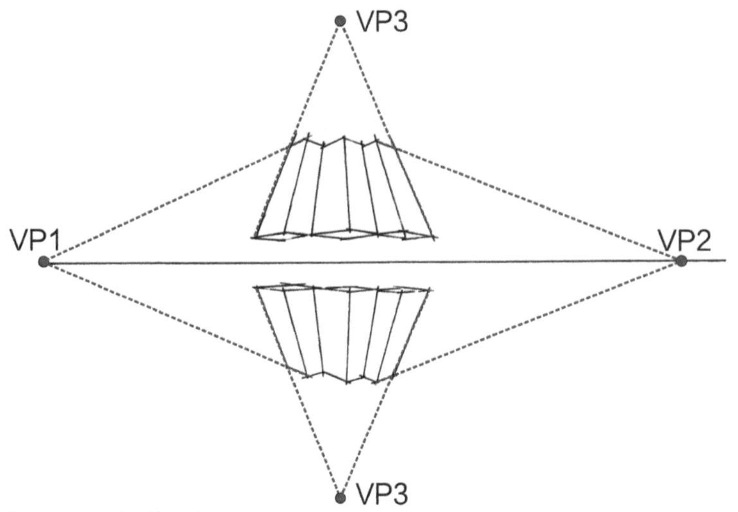

图 2-30　三点透视画法

←通过在两点透视的基础上增加一个消失点的方式来实现三点透视的绘制，这个消失点可定在左右消失点连线的上方（仰视）或下方（俯视）。

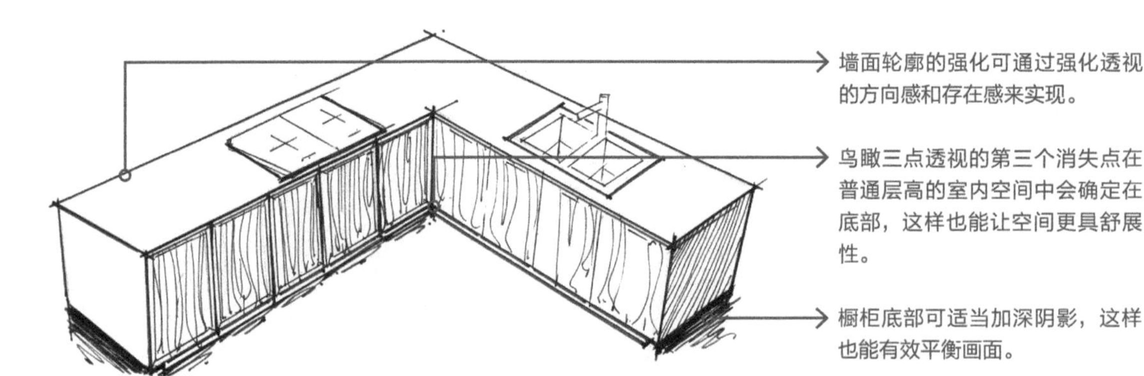

墙面轮廓的强化可通过强化透视的方向感和存在感来实现。

鸟瞰三点透视的第三个消失点在普通层高的室内空间中会确定在底部，这样也能让空间更具舒展性。

橱柜底部可适当加深阴影，这样也能有效平衡画面。

图 2-31　橱柜三点透视图（吴晗）

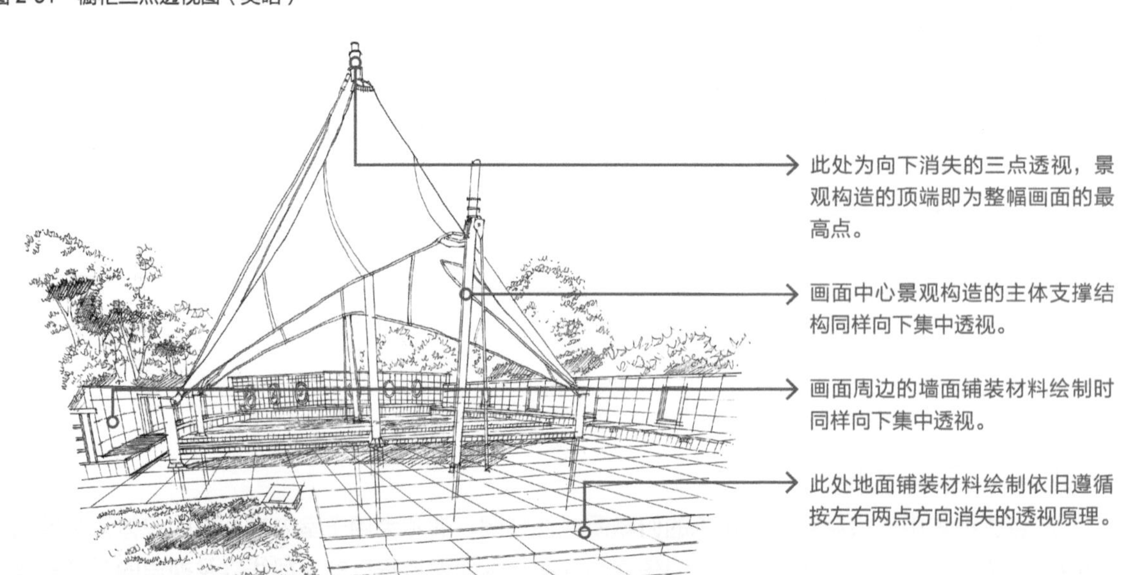

此处为向下消失的三点透视，景观构造的顶端即为整幅画面的最高点。

画面中心景观构造的主体支撑结构同样向下集中透视。

画面周边的墙面铺装材料绘制时同样向下集中透视。

此处地面铺装材料绘制依旧遵循按左右两点方向消失的透视原理。

图 2-32　公园景观三点透视图

2.3 单体线稿

单体是构成空间的基本元素之一，本节将重点讲解单体线稿的绘制方法，包括沙发、椅子、床体、家电、灯具、窗帘、画框、背景墙、室内植物、装饰品、景观植物、景观山石、景观水景、景观小品等单体。

2.3.1 沙发与椅子线稿

在绘制沙发与椅子的线稿时一定要明确其具体的尺寸规格，一般单人沙发的长度在 800 ~ 900mm 之间变化，宽度在 800 ~ 950mm 之间变化；椅子的长度则在 450 ~ 550mm 之间变化，宽度在 300 ~ 400mm 之间变化。在绘制之前，可以先将沙发或椅子想象成几何形态，然后通过这种几何形态的变换来了解沙发与椅子的具体特点（图 2-33）。

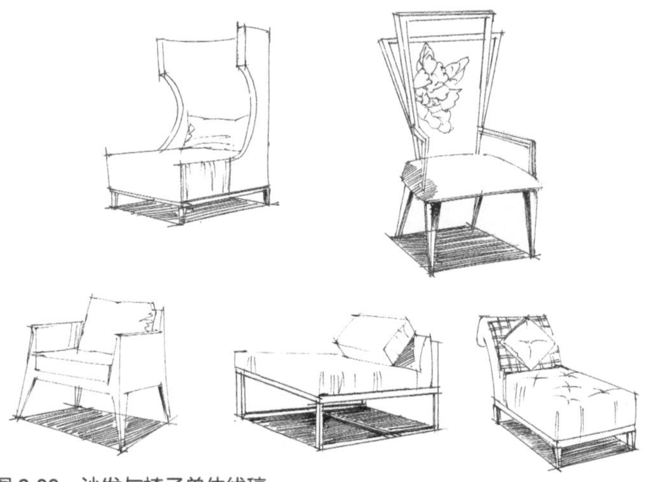

图 2-33 沙发与椅子单体线稿

↑坐垫高度会在沙发或椅子总高度的 25% ~ 30%的位置，且坐垫要比扶手更凸出。此外，绘制沙发或椅子的靠垫时还要明确靠垫的上下线是需要有透视感的，靠垫上的褶皱要随着靠垫鼓起的弧度绘制，一般下面宽度要比上面略宽，为了丰富画面效果，还可以在靠垫上点缀些许花纹图案。

2.3.2 床体线稿

床体绘制比较复杂，它同样是由几何形体转换而成的。双人床的长度会在 2000mm 左右变化，宽度会在 1500 ~ 1800mm 之间变化，从地面到床垫的高度则会在 450 ~ 500mm 之间变化。在绘制时要尽量压低视点，床体不可过大，床与床头柜之间的距离也要控制好，并注意床上用品的细节绘制（图 2-34）。

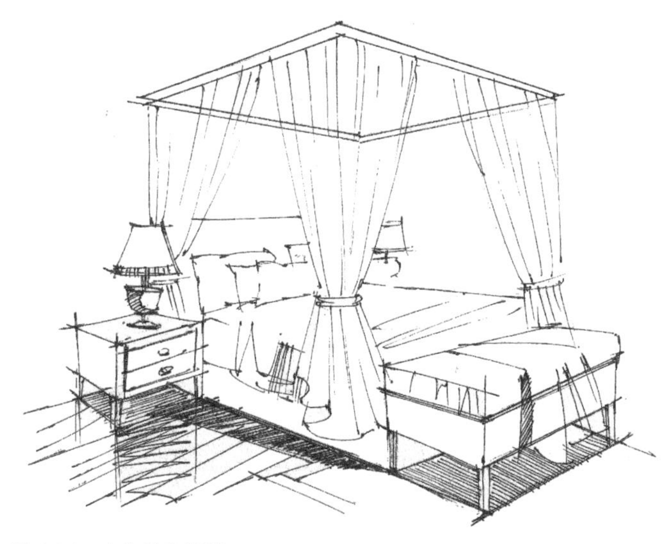

图 2-34 床体单体线稿

↑床体绘制时要确保透视和比例宽度的准确性，床单的线条要绘制得稍柔软一些，要能够表现出床单的布褶效果，且布的褶皱线条绘制要轻，不可过于坚硬，要能表现出布料的柔和感，床上其他部位的细节和投影也应当绘制准确。

2.3.3 家电、灯具线稿

家电和灯具是室内空间中不可缺少的部分，在绘制线稿时要能清晰地展示出家电和灯具的形态特点，要确保透视的准确度，并能赋予其对称性。这些需要绘图者深入了解家电和灯具的形体结构，并总结出能更简单、更直接地表现家电和灯具设计特征的绘制方法（图 2-35）。

图 2-35　家电、灯具单体线稿

↑根据室内风格、灯具种类以及室内层高等的不同，所选灯具的设计形态也会有所不同。例如，绘制台灯灯罩时要确保透视的准确度，构成台灯灯罩的线条也应当轻松、流畅，可选用快线绘制，只要灯具的形体结构没有误差，通过后期的精准着色处理，同样可以起到衬托画面效果的作用。

2.3.4 窗帘线稿

窗帘线稿的绘制要能表现出窗帘的形态结构和具体的材质特征，根据材质的不同，可将窗帘细分为棉纱布、涤棉混纺、涤纶布、棉麻混纺及无纺布等，这些不同的材质、纹理、图案、色彩等元素综合起来就形成了不同风格的窗帘（图 2-36）。

图 2-36　窗帘单体线稿

↑绘制时要注重窗帘风格特点的表现，窗帘一般出现在画面远处或画面边缘，因而可使用竖线绘制，绘制时注意线条之间交叉是否融洽。

2.3.5　画框、背景墙线稿

画框和背景墙在室内空间中多起到点缀的作用，它们能丰富墙面效果。绘制时要注重四边宽度的处理，确保透视关系的准确性，要遵守近大远小的透视原则，且背景墙的边缘厚度应当要比画框的边缘厚度更薄一些（图 2-37）。

2.3.6　植物、装饰品线稿

室内植物和装饰品体量较小，可以在整个室内布局中起到画龙点睛的效果。例如，在室内死角处，放置一些植物或装饰品，能丰富死角处的视觉效果。由于快题设计还有近景、中景、远景之分，因此在绘制室内植物和装饰品时要根据其所处位置，表现出不同的虚实关系。此外，在绘制室内植物和装饰品时，要能够清晰地表现出它们的形体结构，并有主有次，这样所绘制出来的室内植物和装饰品才能更具生动感（图 2-38、图 2-39）。

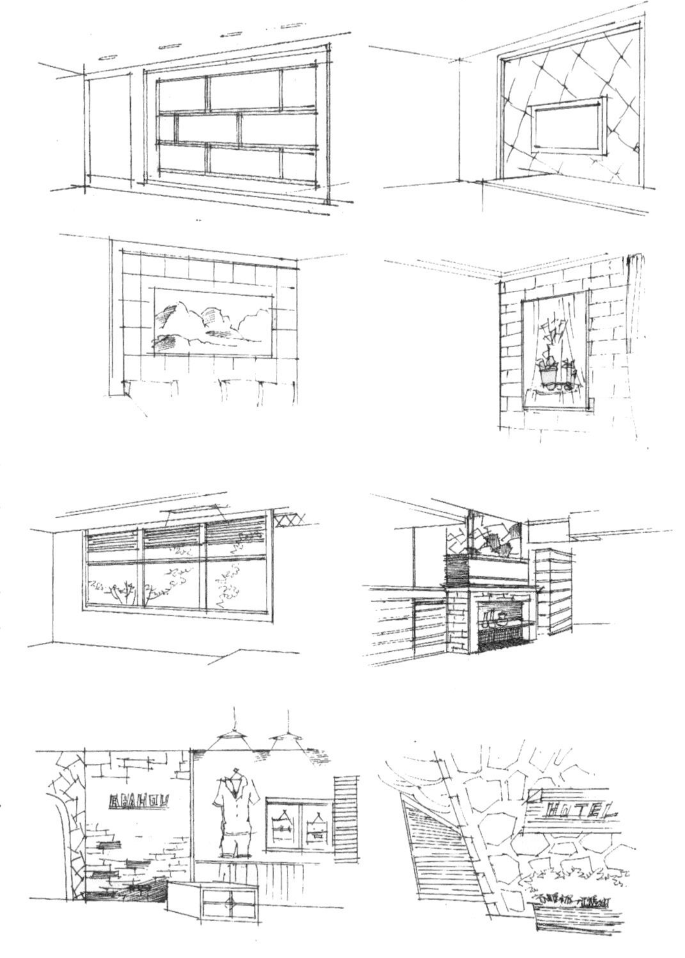

图 2-37　画框、背景墙单体线稿

↑为了增强画面效果，墙体可借助尺规工具辅助绘制，注意保持墙面造型的准确性和画框的挺括感，对于画框中的内容使用自由曲线绘制。

图 2-38　室内植物单体线稿

↑对真实照片进行速写练习，抓住植物的主体姿态即可，细节可以根据自己的想象去表现。

图 2-39　装饰品单体线稿

↑装饰品单体线稿要注意表现明暗关系，不要过于强化表现细节。

2.3.7　景观植物线稿

植物是景观空间中比较重要的配景元素，植物不同的枝、干、冠构成以及分枝习性等决定了其形成的不同形态和特征。这里主要介绍乔木、灌木与修剪类植物、棕榈科植物以及花草与地被等线稿的绘制方法。

1. 乔木

乔木结构可分为干、枝、叶、梢、根，其形态特征有缠枝、分枝、细裂及节疤等，在具体绘制时要能清楚地表现这些形态结构的特征。一般绘制时应当先绘制树干，乔木的枝干应使用比较自然和流畅的线条绘制，要明确枝干分支的位置，并能处理好分枝处的鼓点（图 2-40）。

图 2-40　乔木单体线稿

↑繁盛的树叶能营造体积感，注重树叶的刻画，明确表现出树木亮面和暗面的区别以及树叶产生的阴影等。

2. 灌木与修剪类植物

灌木植株比较矮小，且基本没有凸出的主干，属于观赏类的丛生状植物。单株灌木的绘制方式基本与乔木相同，不同的是枝干的绘制方法。由于灌木多以片植为主，因此绘制时要区分出是自然式种植，还是规则式种植，并能清楚表现出树木的虚实变化。

修剪类植物绘制时要表现出造型的几何变化，在用笔排线方面可适当变化，要能清楚表现出植物的基本几何形体，并清楚地展示出树木的明暗交界线。此外，绘制时还需遵守“近实远虚”与“先深后浅”的原则（图 2-41）。

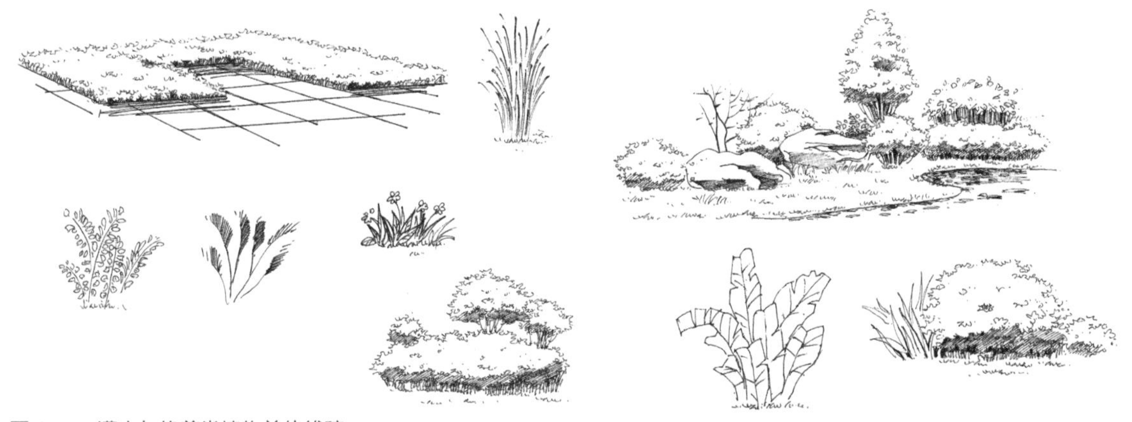

图 2-41　灌木与修剪类植物单体线稿

↑灌木与修剪类植物体积感较弱，因此要强化下半部或底部的阴影，采用密集线条来表现。

3. 棕榈科植物

棕榈科植物属于热带植物，这类植物本身形式感比较强，在景观空间中运用比较频繁。

（1）椰子树。这种植物拥有比较特别的形态，绘制时应表现出植物张扬的形态，并能清楚表现出叶片从根部到尖部产生的由大到小的渐变效果。

（2）棕榈树。棕榈树绘制较椰子树复杂，绘制时应将棕榈多层次的叶片与暗部区域分组处理好，树冠左右要协调，要根据棕榈的生长形态将棕榈的基本骨架勾画出来，并能根据棕榈骨架生长规律的不同来表现出棕榈叶片的完整形态，对于树冠与树枝之间的比例关系也应处理得很准确（图 2-42）。

←棕榈科植物的叶片与叶脉之间的距离要控制得很好，绘制应当流畅，其树干也应当以横向纹理为主，呈现从上到下逐渐虚化的状态。

图 2-42　棕榈科植物单体线稿

4. 花草与地被

根据生长规律不同，可以将花草细分为直立型、丛生型及攀缘型等类型。绘制时要表现出其趣味性，并处理好植物与景观构造之间的遮挡及被遮挡关系（图 2-43、图 2-44）。

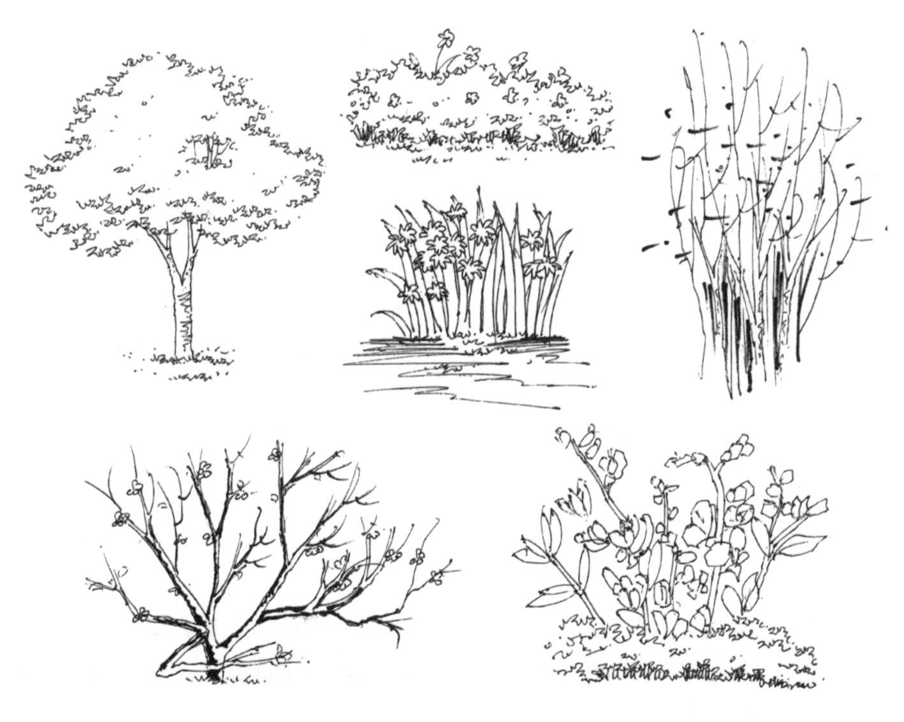

←在绘制时要注意轮廓及边缘的处理，线条绘制不可过于呆板。如果花草位于画面的近景中，应当细致刻画花草的形态，如果花草位于画面的远景中，大概绘制轮廓及部分叶片即可。

图 2-43　花草与地被单体线稿

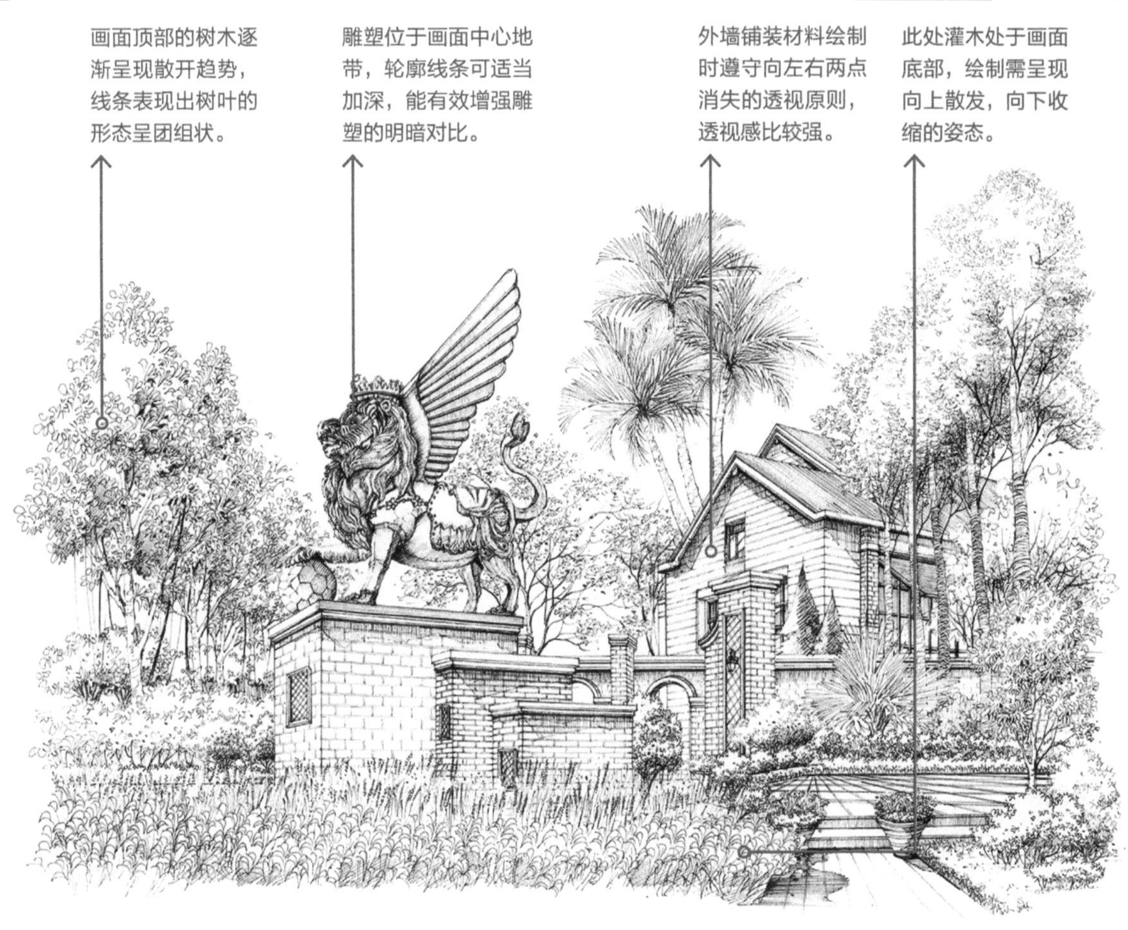

图 2-44　别墅景观绿化透视图

↑别墅建筑前方地面绘制密集的地被绿化植物，形成自然生长的肌理效果，能衬托出建筑外墙铺装整齐的特点。

灌木绘制

灌木绘制首先应当注重形体的概括，通常多选用曲直结合的线条来绘制灌木的外轮廓，这种曲直结合的线条又被称之为抖动线。绘制这类线条时要求一直二曲，即绘制一段直线再绘制两段曲线，并能使曲线与直线相互结合，且这些曲线和直线在适当的部位还要保持一定的空隙。通过这种一直二曲的表现方式能够将树叶的外形快速地绘制出来。此外，注意不可将灌木的外形表现得过于僵硬，要能够表现出正常绿植的自然形态。

2.3.8　景观山石线稿

景观山石是景观环境空间中必不可少的元素，绘制时要重点表现出山石的体积感与山石本身的坚硬质感，一般可通过线条力度和线条组织来表现山石的质感与硬度。此外，对于山石阴影的重点刻画，应体现出山石的空间感。同时要分面刻画山石，以突显出山石材质的特点，注意线条绘制需硬朗（图 2-45、图 2-46）。

2.3.9　景观水景线稿

水景是园林环境空间的生机所在，一般将水景分为静态水景和动态水景。静态水景要适度地表现出倒影的特点，可在水中添加些植物，以达到活跃整幅画面的目的。注意绘制倒影时不可按一比一的比例复制，可适度模糊化。倒影的透视关系和表现的景物内容要符合要求，一般只表现距离水岸较近的景物。动态水景流速较快，一般包括瀑布、跌水、喷泉等，可使用流畅、洒脱的线条来表现水景的流动感，且绘制时还需在水流交接的地方细致描绘水波涟漪和水滴飞溅的情景，这样画面也会更生动和自然。

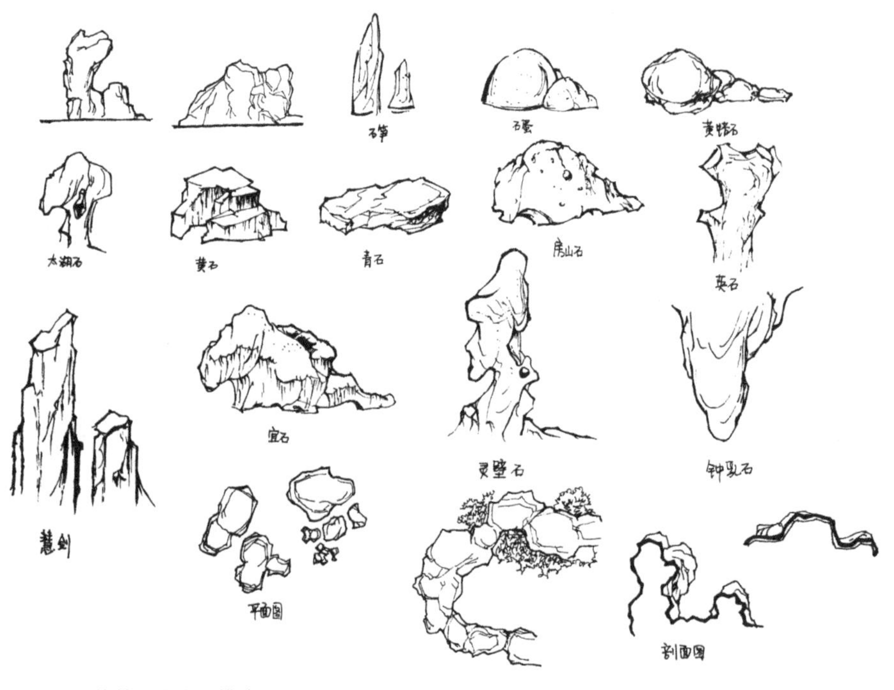

←理清传统景观山石的种类，练习强化山石的外部轮廓，用较粗线条强化，分清山石在画面中的层次关系。

图 2-45　传统景观山石线稿

←山石绘制时要处理好暗部的虚实关系和阴影关系，重点刻画山石的明暗转折面。山石亮面线条比较硬朗，运笔较快，线条坚韧感比较强；山石暗面线条顿挫感比较强，运笔较慢，线条绘制较粗重。绘制时还要注意刻画暗部区域的反光面，要表现出山石圆中透硬的形态特征，且山石的大小要能相互匹配，还可在山石下方绘制少量草地，这样山石的着地效果会更强，画面的视觉效果也会较好。

图 2-46　景观山石线稿

绘制动态水景之前，需要明确各类水景的现实特点，要确保水流方向与线条绘制方向的一致性，并能通过对受光面的留白处理突显出水流的体积感（图 2-47）。

←绘制水景时要能细致刻画水体上方物体在水面形成的倒影，水体自身所有的波纹以及水体的下坠和流动情况都应当在线稿中表现出来。跌水使用扫线的形式表现出水向下流的速度感和下坠感，绘制跌水时还可重点表现周边溅起的水滴。在绘制动态水景时要事先预留好水流的位置，并用与水流方向一致的线条绘制出水流的背光面，确认无误后，便可开始具体的细节绘制，注意线条的疏密与节奏要符合要求。

图 2-47　景观水景线稿

2.3.10　景观小品线稿

景观小品功能比较简单，体量也较小，造型别致，需同时具备实用功能和精神寄托功能，景观空间中的小亭、座椅、指示牌、园灯等都属于建筑小品。景观小品绘制时要求能够清楚地表现其造型特色，所选用的线条比较自由，并能通过对景观小品明暗面的细致刻画，从而增强景观小品的体积感（图 2-48）。

图 2-48　景观小品线稿

↑景观小品主要有两种实用情况，一种是作为某一景物或建筑环境的附属设施，绘制时要注意景观小品与整体环境之间的协调性和烘托关系；另一种是在局部环境中起到主景、点景和构景的作用，绘制时要注重形态结构的塑造，绘制内容也应当具体化。

2.4 组合空间线稿

空间中的形体较多，在绘制时要清晰表现出这些物体的质感和材质特色，本节将重点讲解组合空间线稿的绘制方法，包括住宅空间、办公空间、商业空间、建筑景观、酒店景观、别墅庭院景观、商业广场景观等。

2.4.1 住宅空间线稿

住宅空间线稿必须明确空间内各物体比例的合理性，家具的轮廓及其形体特征应当细致刻画，且由于住宅空间中的功能分区不同，每一个分区中的家具各有其特点，在具体绘制时应当根据分区类型选择合适的运笔方式，并注意阴影面的表现（图2-49、图2-50）。

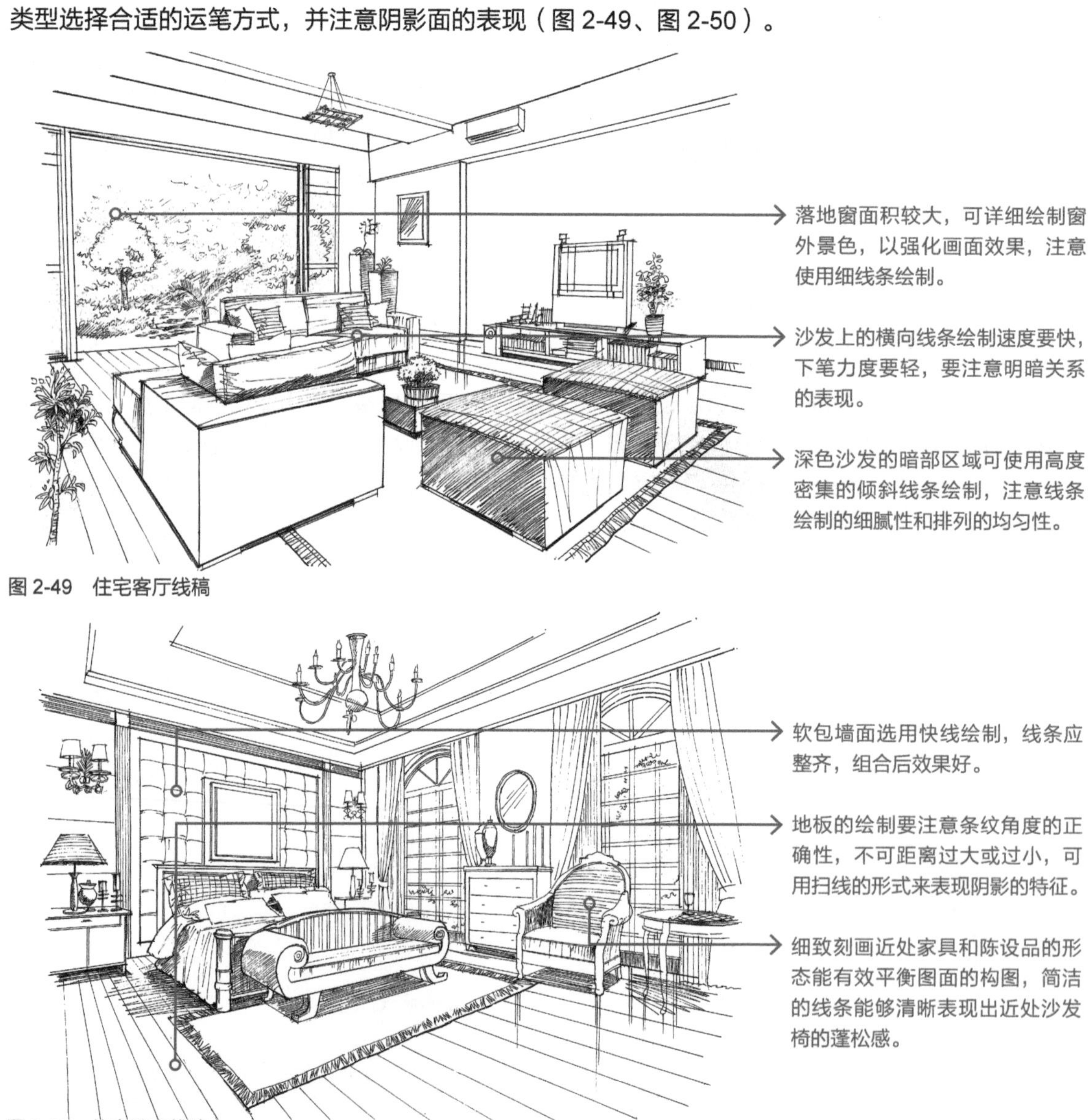

图2-49 住宅客厅线稿

图2-50 住宅卧室线稿

2.4.2 办公空间线稿

办公空间的绘制要注重强调细节，并能清晰地表现出空间的色彩关系，主体透视结构选用尺规工具绘制，这样画面效果会更规范。

1. 顶面绘制

选用绘图笔勾画顶面造型的细节，绘制时要注意结构的准确性，大多数顶面造型都比较简洁。

2. 会议桌绘制

会议桌绘制时可从侧面添加适量的斜线条，以便能强化阴影特征，从而强化画面的明暗层次，且会议桌地面的排列线条也可适当加深层次，这样能为后期着色提供明暗视觉基础。

3. 家具和窗帘绘制

家具绘制时要注重轮廓的表现，要能在整体上形成比较统一的视觉效果，并根据所处位置，勾画出不同粗细的轮廓。窗帘绘制时，需要表现出窗帘的褶皱感和下坠感，可使用井格线条来强化窗帘的形态。

4. 绿植的绘制

对于处于远处墙角的阔叶植物，应当仔细描绘叶片的形态，这样才能有效平衡整体空间。办公空间的透视属于复合型透视，所有的消失点都应处于一条统一的视平线上，且在用线条勾勒空间形体的轮廓时，可使用直尺来衡量空间透视的准确性。绘制时需注意形式之间的重叠关系，绘制线条要稳定，转折点要十分明确，且在整体的线稿绘制完成后，还需进行局部调整，可利用少量线条来区分出空间中的明暗对比，并拉开空间中的对比关系（图 2-51）。

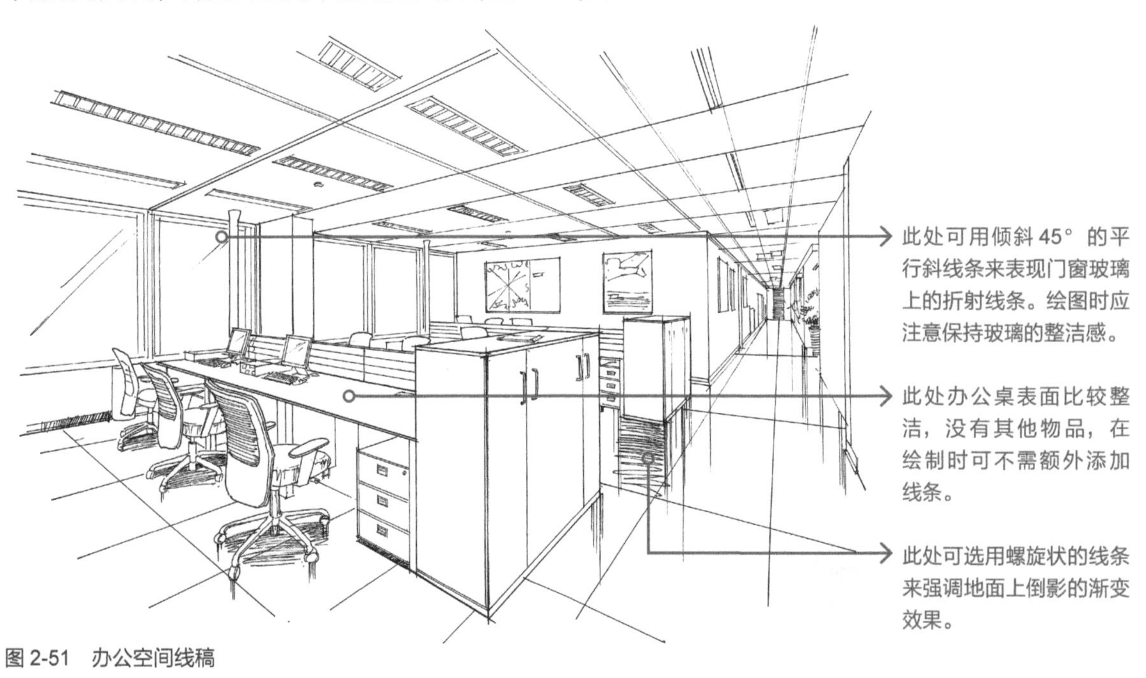

图 2-51 办公空间线稿

小贴士

线稿的表现能力

线稿拥有十分丰富的表现能力，在绘制线稿的过程中，可通过密集的线条排列来塑造较深的阴影效果，这种密集的线条可塑造出三种以上的不同明暗层次，很适用于家具的暗部与地面投影的表现，而这对后期着色同时也具有十分明确的导向性。

2.4.3 商业空间线稿

常见的商业空间包括服装专卖店、书店、咖啡店、博物馆以及大型超市等，根据空间类型以及空间规模等的不同，其内部空间的绘制要求也有不同，下面主要介绍服装专卖店和酒店大堂线稿的具体绘制。

1. 服装专卖店绘制

服装专卖店绘制要能突显店内的气氛，重点在于服装陈列区和服装折叠区，要能细致地表现出陈列架、顶面造型以及陈列柜等的形体特征，明确店内各元素的明暗关系和虚实关系，并通过对线条的运用突出阴影效果（图 2-52）。

2. 酒店大堂绘制

酒店大堂面积较大，要注重空间整体比例的合理性，并明确画面中的主次关系，且视平线也应当始终位于画面 30%以下的位置，要能清晰表现顶面造型和墙面装饰造型的轮廓特征，地面结构绘制也应当符合透视要求，各人物配景的比例也应当合理（图 2-53）。

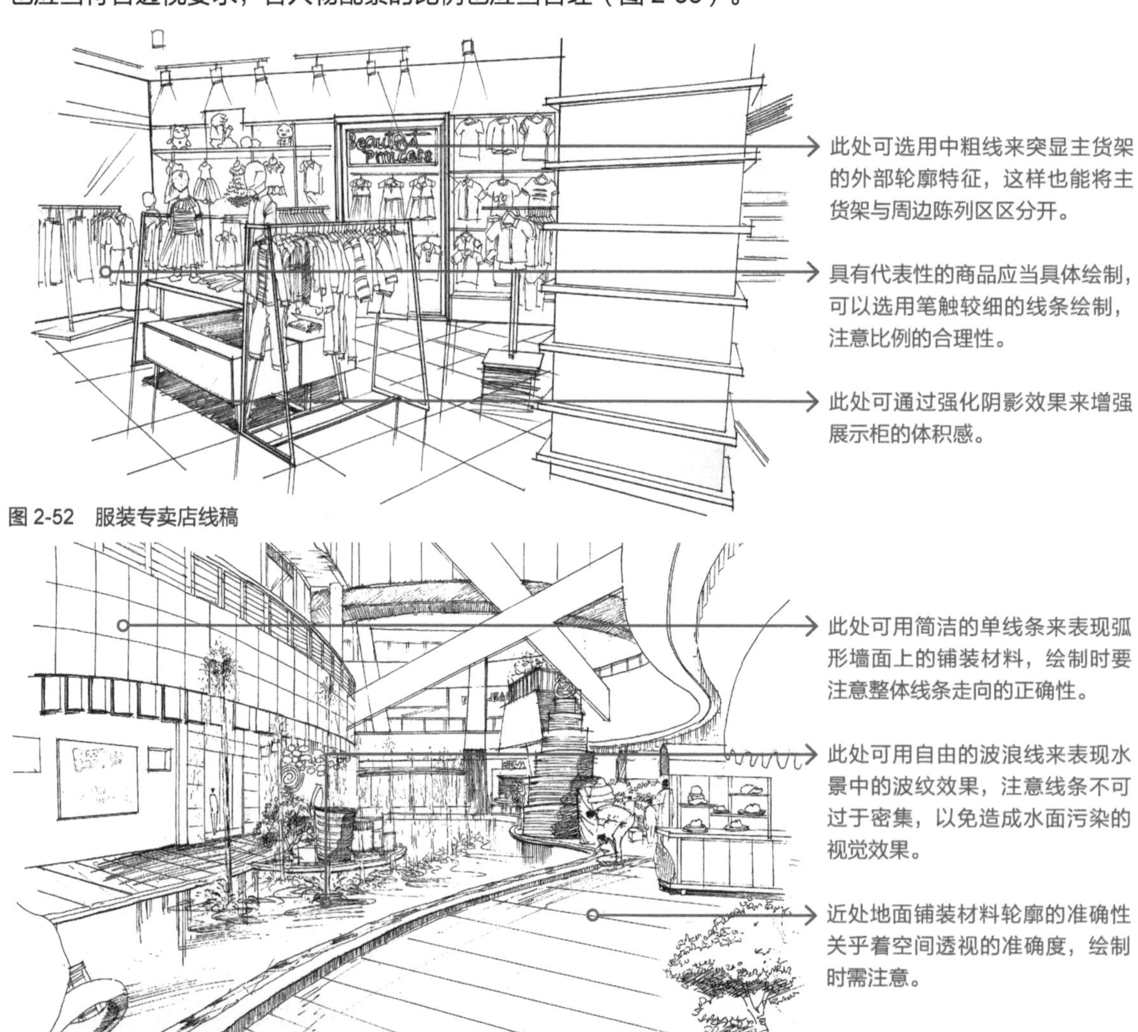

图 2-52 服装专卖店线稿

图 2-53 酒店大堂线稿

2.4.4 建筑景观线稿

建筑景观线稿绘制之前，需要明确透视方式、视平线的高度定位、消失点定位等，具体绘制时需要注意以下内容。

1. 轮廓勾勒

建筑景观空间中多设有亲水平台、四角亭以及种植池等元素，铅笔勾勒景观构造的轮廓时，要能够确保构造本体、画面整体结构比例、透视关系的正确性，详细描绘出主要构造的设计特征。

2. 近、中、远景绘制

绘制时多从近景往远景展开，根据视平线的位置来判断后面物体的高度和宽度，主体构筑物多处于近景区域内，绘制时除表现其轮廓特征外，还需添加一些植物配景，并使整个画面处于一个比较干净的状态。当中景和近景绘制结束后，即可开始绘制远景，远景应当使用比较概括和简洁的表现方式，绘制结束后还需注意调整构图和深入刻画构筑物的光影关系（图 2-54、图 2-55）。

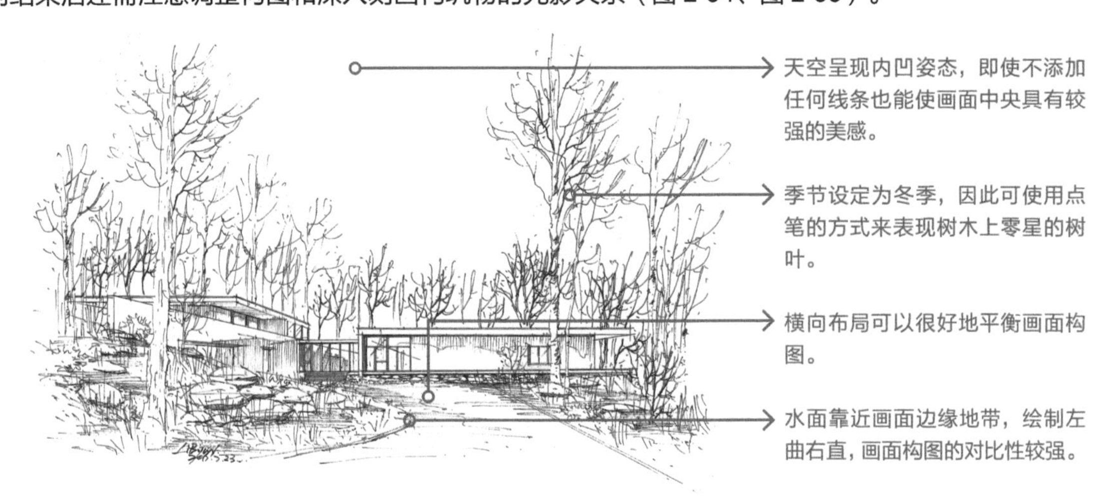

图 2-54 建筑景观线稿（李碧君）

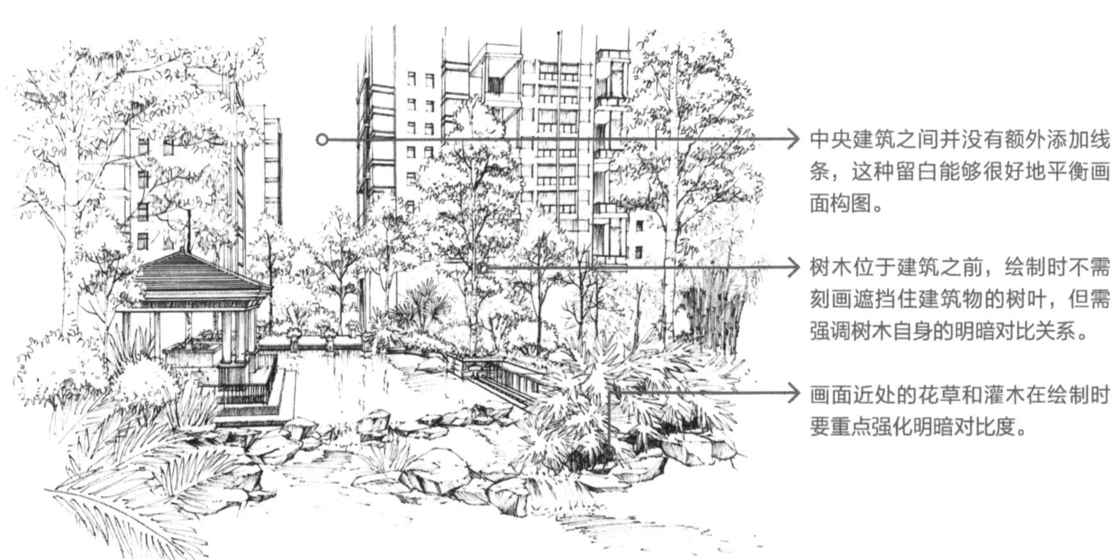

图 2-55 建筑景观线稿（董成）

2.4.5 酒店景观线稿

酒店景观和建筑景观的绘制方式基本相同，同样使用铅笔来勾勒画面整体结构比例和透视关系。在绘制绿植时，应当能够根据绿植类别，突显其树叶不同的形态特质。首先应当根据绿植的生长形态勾勒出其基本骨架，然后可根据骨架生长规律刻画出叶片的形态，这样所绘制的树冠和树枝之间的比例关系就会比较合理了。

此外，要能细致刻画出主要景观构筑物与景观小品之间的光影关系和比例关系，并能根据远近不同，处理好空间中景观的虚实关系。当光源方向与明暗关系确定好之后，还要调整画面构图，并完善光影关系和比例关系，避免画面失衡（图 2-56、图 2-57）。

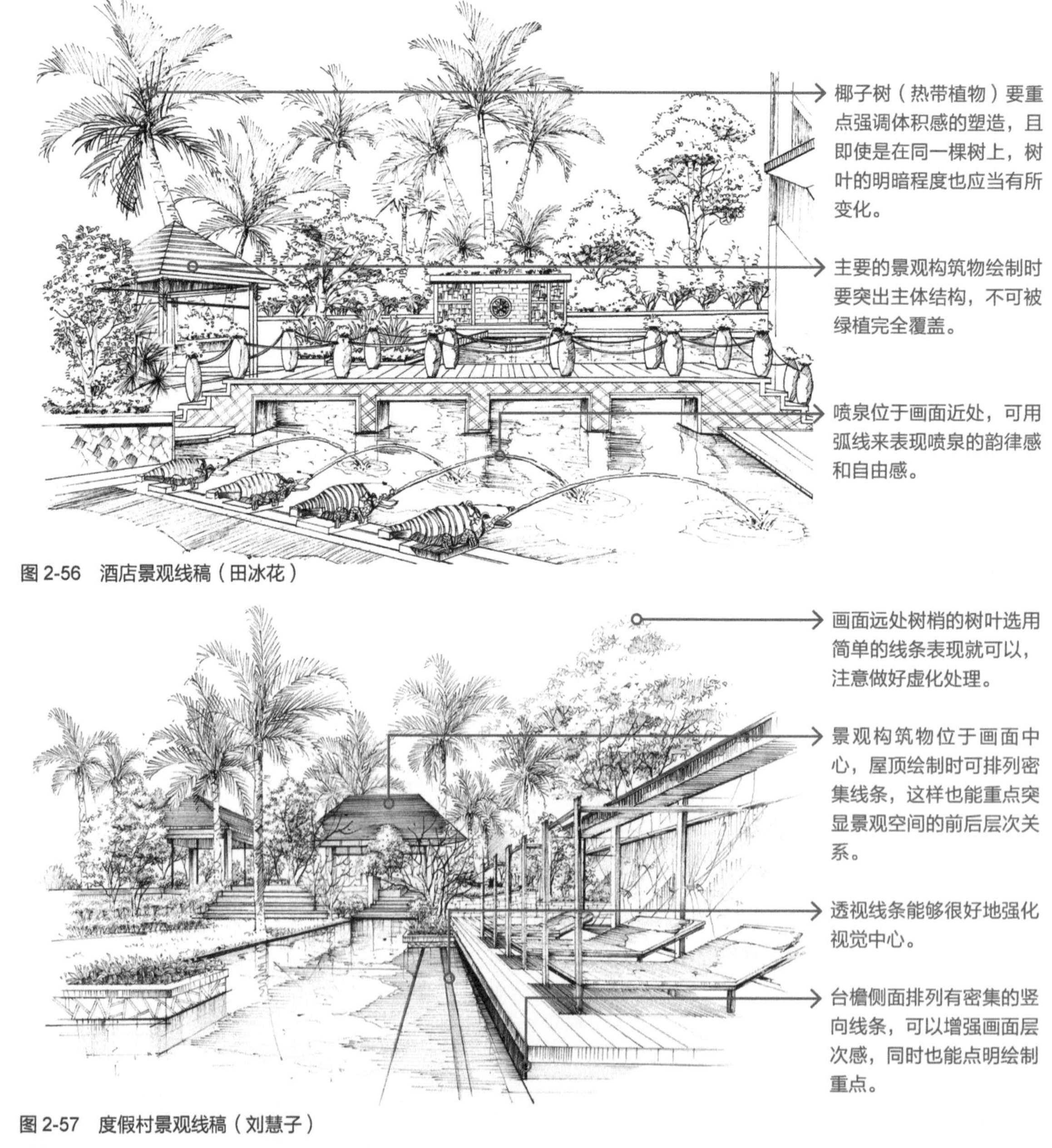

图 2-56　酒店景观线稿（田冰花）

图 2-57　度假村景观线稿（刘慧子）

2.4.6 别墅庭院景观线稿

别墅庭院景观线稿要能够将空间中的主要景观构筑物轮廓勾勒出来。一般按照近景→中景→远景的顺序展开绘制，注意景观构筑物的落地面要低于视平线，要突显出整个景观空间的层次感。近景内绿植和景观构筑物绘制时，需细致刻画其轮廓，远景内的绿植和景观构筑物可以简要概括，但要注意所绘制的内容要能烘托整体环境。

处理好主体景观构筑物与周边环境之间的透视关系，并确保景观绿植、景观小品、景观水景等元素所采用的比例正常。画面中的明暗关系应十分明确，整体的层次感较强，各景观建筑物的材质特征均需刻画得十分细致（图 2-58、图 2-59）。

图 2-58　别墅庭院景观线稿（张子妍）

图 2-59　别墅景观线稿（刘梅）

2.4.7 商业广场景观线稿

商业广场景观线稿绘制要求图面构图要合理，视平线的高度、消失点的位置等都必须反复确认，并能在绘制之前确定好景观空间内结构、框架与景观构筑物之间的高低关系，景观构筑物与周边环境的比例也需提前确定，这样绘图时的节奏才不会乱。

具体绘制时多按照近景→中景→远景的顺序展开具体的绘制，注意景观空间中，近处木栈道横向木缝线之间的缝隙间距，要比远处木栈道横向木缝线之间的缝隙间距大，植物绘制时还要处理好景观建筑之间高低、前后的空间关系。近景内绿植需细致刻画其轮廓，远景内的绿植和景观构筑物则可简要概括。

绘制景观构筑物的轮廓时，为了丰富画面效果，还需将构筑物周边的植物配景和部分建筑小品绘制完整，整个画面要时刻处于十分整洁的状态。在确定好画面的光源方向后，还要处理好远、近、中不同场景内物体的虚实关系，并重点强调画面中的明暗关系，这种明暗对比也能突显出构筑物与植物之间的体量关系（图 2-60）。

图 2-60 商业广场景观线稿（张子妍）

第3章 快题设计着色方法

学习难度：★★★★☆

重点概念：马克笔、彩铅、单体着色、组合空间着色

章节导读：着色是快题设计的重点，尤其是色彩搭配与层次区分，快题设计线稿着色后的视觉效果更具美感。本章介绍马克笔和彩铅的绘图技巧，列出单体着色和组合空间着色案例，具体讲解快题设计着色要点与注意事项。

3.1 着色绘图工具

快题设计多使用马克笔绘制着色，为了丰富画面效果，部分场景还会用彩色铅笔在马克笔着色的基础上排列线条。

3.1.1 马克笔

马克笔可分为油性马克笔和水性马克笔，前者色彩柔和，笔触自然，绘制视觉效果好，后者色彩鲜亮度较高，笔触界限清晰，但不适合于图稿叠色。马克笔一端为尖头，一端为扁头，绘制时可根据不同场景选择不同笔头。

1. 技法

（1）平移。下笔速度干净利落，将平整的笔端与纸面完全接触，并快速、果断地画出笔触，起笔应当果断，不可长时间滞留在纸面上，以免纸面积水，形成不好的视觉效果。

（2）直线。用宽头端的侧锋或用细头端来画，为了形成比较完整的开端和结尾，下笔和收笔时应当做短暂停留，停留时间一般较短，这种直线多用于确定着色边界。

（3）点笔。绘制时需将笔头完全贴于纸面，点笔时也可做各种提、挑、拖等动作，注意边缘线和密度需符合绘制要求。这种技法多用于绘制蓬松物，如植物、地毯等，也可用于过渡或给大面积着色作点缀。

（4）扫笔。重在运笔，需快速抬笔，并加快运笔速度，且无明显的收笔，多用于处理画面边缘或过渡区。

（5）斜笔。斜笔用于菱形或三角形区域着色，绘制时通过调整笔端倾斜度来表现不同的宽度和斜度。

（6）蹭笔。蹭笔下笔速度较快，适用于过渡渐变部位着色，画面效果比较柔和、干净。

（7）重笔。用 WG9 号、CG9 号、120 号等深色马克笔来绘制，适用于投影部位，可有效拉开画面层次。

（8）点白。使用涂改液和白色中性笔绘制，前者可用于较大面积点白，后者用于细节精确部位点白。这种技法主要用于受光最多、最亮的部位，如光滑材质、玻璃等亮部（图 3-1）。

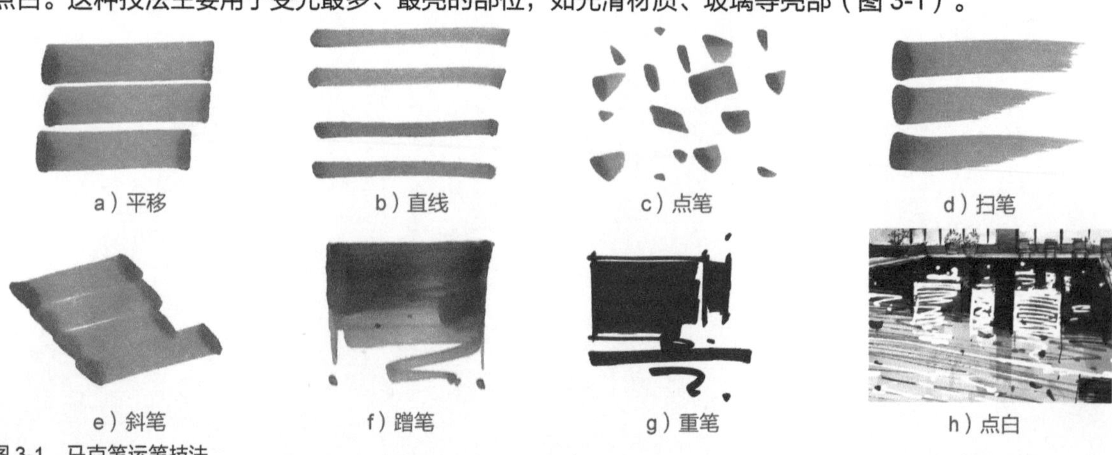

图 3-1　马克笔运笔技法

↑马克笔技法较单一，需综合运用，采用多种色彩混搭，形成丰富的效果。

2. 材质应用

马克笔可用于表现各类材质特征，而材质的真实性又能直观反映图面质量，注意不同材质在色彩上和明暗对比度上会有所不同（图 3-2）。

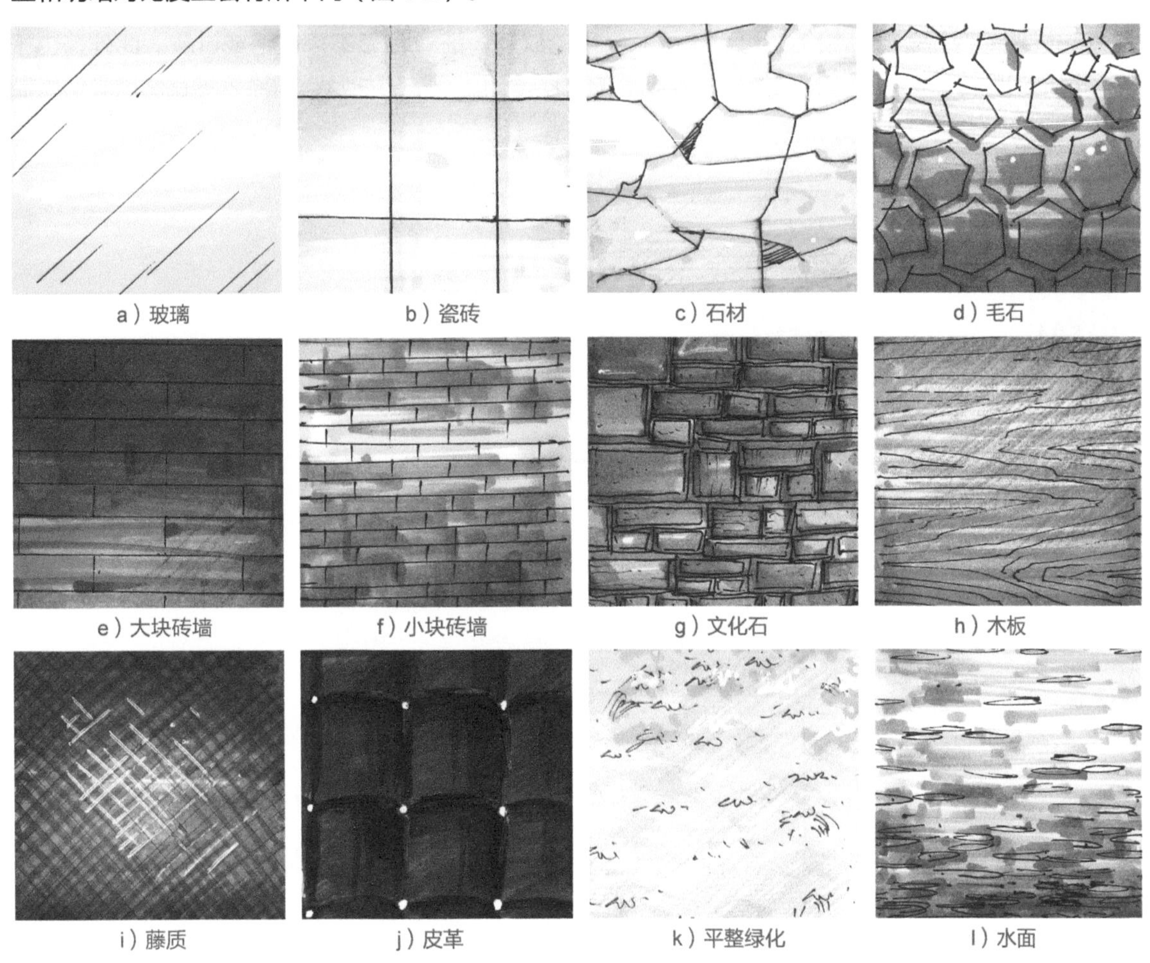

a）玻璃　b）瓷砖　c）石材　d）毛石

e）大块砖墙　f）小块砖墙　g）文化石　h）木板

i）藤质　j）皮革　k）平整绿化　l）水面

图 3-2　各类常用材质表现

↑玻璃、瓷砖、石材等质地比较光洁的材质拥有对比强烈的色彩和明暗度，砖石等质地比较粗糙的材质拥有对比平和的色彩和明暗度。

小贴士

马克笔选购与使用要点

马克笔笔帽的直径应大于 16mm 或有通气孔，并能确保一定量的空气流通。笔中颜料属于易挥发性物质，如果存放时间过久颜料会挥发变干，其笔迹颜色容易变淡，或用不了几天就会不出水。

部分马克笔的质量不过关，有害物质超标，这样会严重危害使用者的身体健康。挑选时可靠近笔尖部分轻嗅有无异味。廉价马克笔的色准误差较大，涂在纸上色彩度不够鲜艳，影响作画效果。可对几种常见颜色进行抽检，如米黄色、暖灰色、湖蓝色等，颜色越浅的马克笔越容易出现色差。

马克笔应水量饱满，颜色未干叠加，会自然融合衔接，有水彩的效果，与标准色卡相比颜色差异较小。但应注意多次叠加颜色会变灰，而且容易损伤纸面。

3.1.2 彩色铅笔

彩色铅笔可用于快题图稿着色，且多与马克笔配合着色，绘制时彩色铅笔笔触要与马克笔笔触相融合。彩色铅笔拥有比较丰富的色彩，笔触细腻，能妥善处理画面当中的细节，适用于画面中需要柔和过渡的区域。彩色铅笔还可用于绘制材质的纹理，注意色彩不可过艳或过灰。此外，由于彩色铅笔的颗粒感比较强，因此质感比较光滑的材质，如玻璃、石材及亮面漆等不宜使用彩铅绘制（图 3-3、图 3-4）。

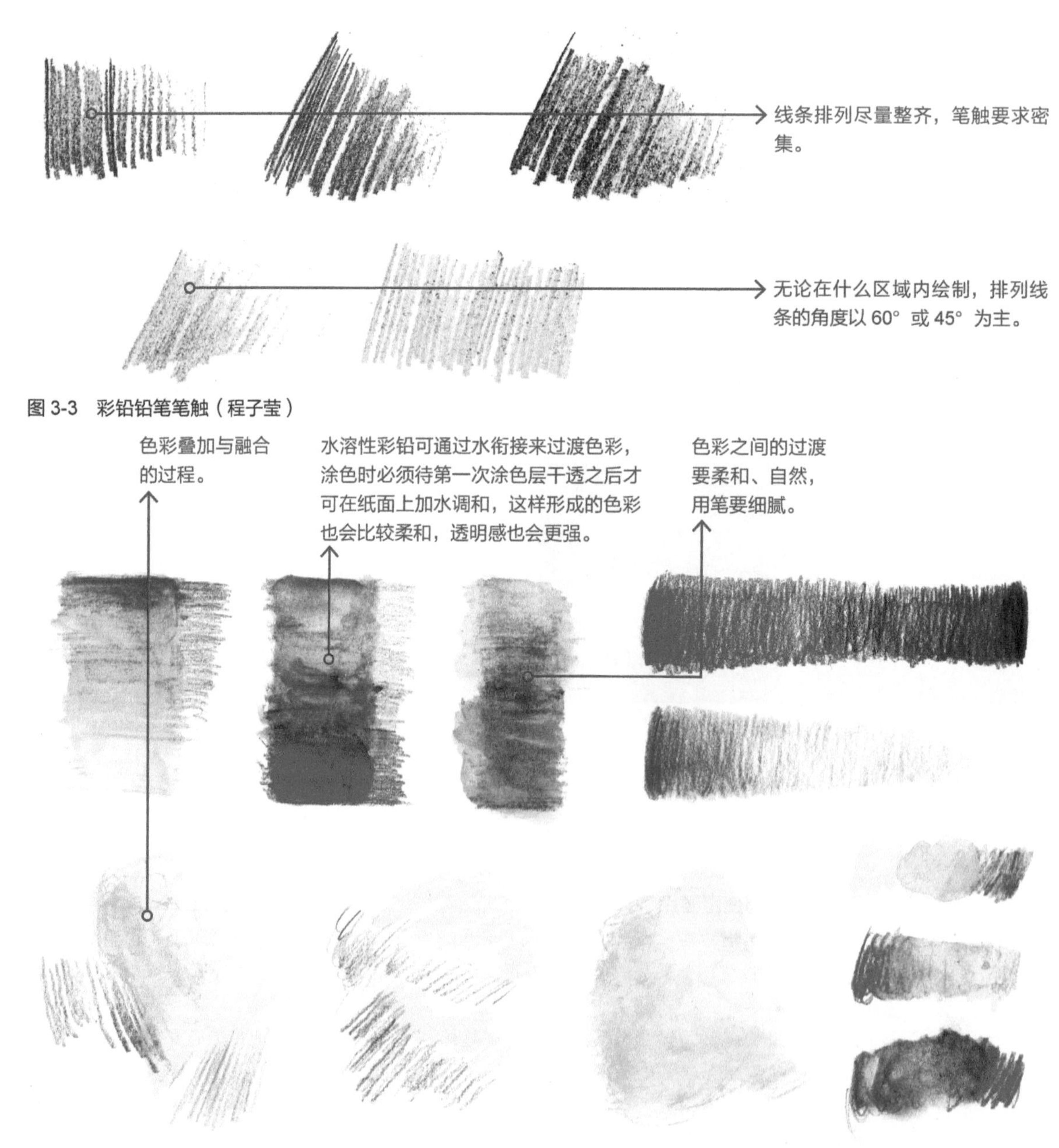

图 3-3 彩铅铅笔笔触（程子莹）

图 3-4 彩铅铅笔表现技法

↑彩色铅笔基本画法有平涂和排线两种，绘制时需注重线条方向的规律性和下笔力度，注意叠加次数不可过多，要确保用色的准确性。彩色铅笔使用方便，遮盖能力也比较强，能突显出厚重感，且彩色铅笔也能与马克笔涂色很好地搭配。

3.2 单体着色表现

在着色练习中，可单独表现画面中的某局部特征，即单体着色表现，绘制时需考虑到固有色和环境色，同时还需注意单体形式之间的透视关系、尺寸关系和虚实关系等。

3.2.1 饰品

饰品体量较小，所选用的色彩一般比较单一，能够很好地点缀室内空间，常见的室内饰品包括屏风、摆件及花瓶等，这些饰品多归置于沙发或椅子上，也有部分安置在墙面上。选色首先应考虑饰品的固有色，其次是整个画面的环境色，为了保证画面的视觉效果，应在确保固有色准确的前提条件下尽量与环境色相近，且饰品绘制时也不可有过于明显的明暗对比。

在绘制饰品时应当分清结构的主次，主要饰品可细致刻画细节，但不可喧宾夺主，次要饰品则需处理好形体与透视之间的关系，所选用的线条应当轻松、纤细。饰品绘制不需要大量的刻画暗部面积，一般在选用深色绘制时可将两种深浅度不同的色彩进行有序的叠加，这样绘制可使饰品的体积感更强，但注意绘制时最好不要使用黑色或过深的色彩（图 3-5）。

图 3-5　饰品单体着色表现

↑绘制饰品时要注重材质的表现，同一种材质可选用两种深浅度不同的色彩，绘制时先使用浅色整体涂色，再使用深色对饰品的暗部区域进行细致的刻画，为了丰富饰品的视觉效果，还可选用色彩浓度较深的彩铅倾斜 45° 排列线条，在马克笔涂色基础上平涂一遍即可。

3.2.2 沙发与椅子

沙发与椅子拥有比较丰富的质地，绘制时要利用不同的色彩和笔触表现出不同材质的特性来。沙发与椅子在室内空间效果图中出现的频率较高，基本已经占到了 80%的比例，且沙发与椅子的色彩、质地以及体积等都会影响到效果图的视觉美感。

沙发与椅子的绘制要注重体积感的营造，可以用灯光来强化沙发与椅子的体积感，如果灯光位于室内空间的顶部，则位于画面中心地点的沙发与椅子的顶面都会是受光面，着色也将最浅。

投影可以增强沙发与椅子的体积感，在绘制时可根据主次关系，选用深灰色或黑色马克笔着色，以此来强化投影，并选用更深的彩铅在暗部覆盖排列线条，以便能进一步拉开暗部层次。

沙发与椅子的投影多选用深灰色表现，具体使用暖灰色还是冷灰色，则需根据该室内空间地面的材质和整体画面的色调而定。亮面可选用涂改液点白，也可适当地留白，以形成比较鲜明的明暗对比（图 3-6）。

图 3-6　沙发与椅子单体着色表现

↑绘制时还需注重沙发与椅子侧面的细节刻画，要明确沙发与椅子的灰面和暗面，一般将接近光源方向的面作为过渡面或灰面，将远离光源方向或背光面作为暗面，可选用同一种色彩覆盖这两个面，然后再使用色彩浓度更深一些的同色系马克笔覆盖沙发与椅子的暗部。

油性彩色铅笔

油性彩色铅笔质地属于偏蜡质，硬度适中且不溶于水，色彩的饱和度与明度很高，表现出来的效果较为鲜艳，更容易上色和长久保存。油性彩色铅笔容易层叠各种颜色，笔的硬度没有水溶性彩色铅笔那么软，比较适中，但缺点是不能刻画特别精细的细节，如明暗交界线部位的细节，并且由于油性彩色铅笔上完色后会反光，进而很难着色。因此在环境设计快题表现中多采用水溶性彩色铅笔。

3.2.3　柜体与床

柜体与床是卧室十分常见的主体家具，一般多为长方体。在着色时首先要注重色调运用的正确性，所选用的色彩要能与整体画面的丰富性和整体性相统一。同一空间内的柜体和床的色彩可形成对比，绘制时要处理好柜体、床与整个画面之间的虚实关系、透视关系以及主次关系等，所选用的线条也应当比较自由和柔和，要能突显出柜体和床给人带来的舒适感（图 3-7、图 3-8）。

图 3-7 柜体

↑同一空间内的柜体色彩可形成对比，绘制时要处理好柜体的虚实关系等，所选用的线条也应当比较自由和柔和，要能表现出柜体其带来的舒适感。

图 3-8 沙发与床单体着色表现（汪建成）

3.2.4 灯具

日常所见到的光可以分为两类，即自然光和人工光源，在绘制这两类光时都需注意投影轮廓以及透视关系的具体表现，一般室内灯光有灯带、筒灯以及娱乐场所的投光灯三种（图 3-9）。

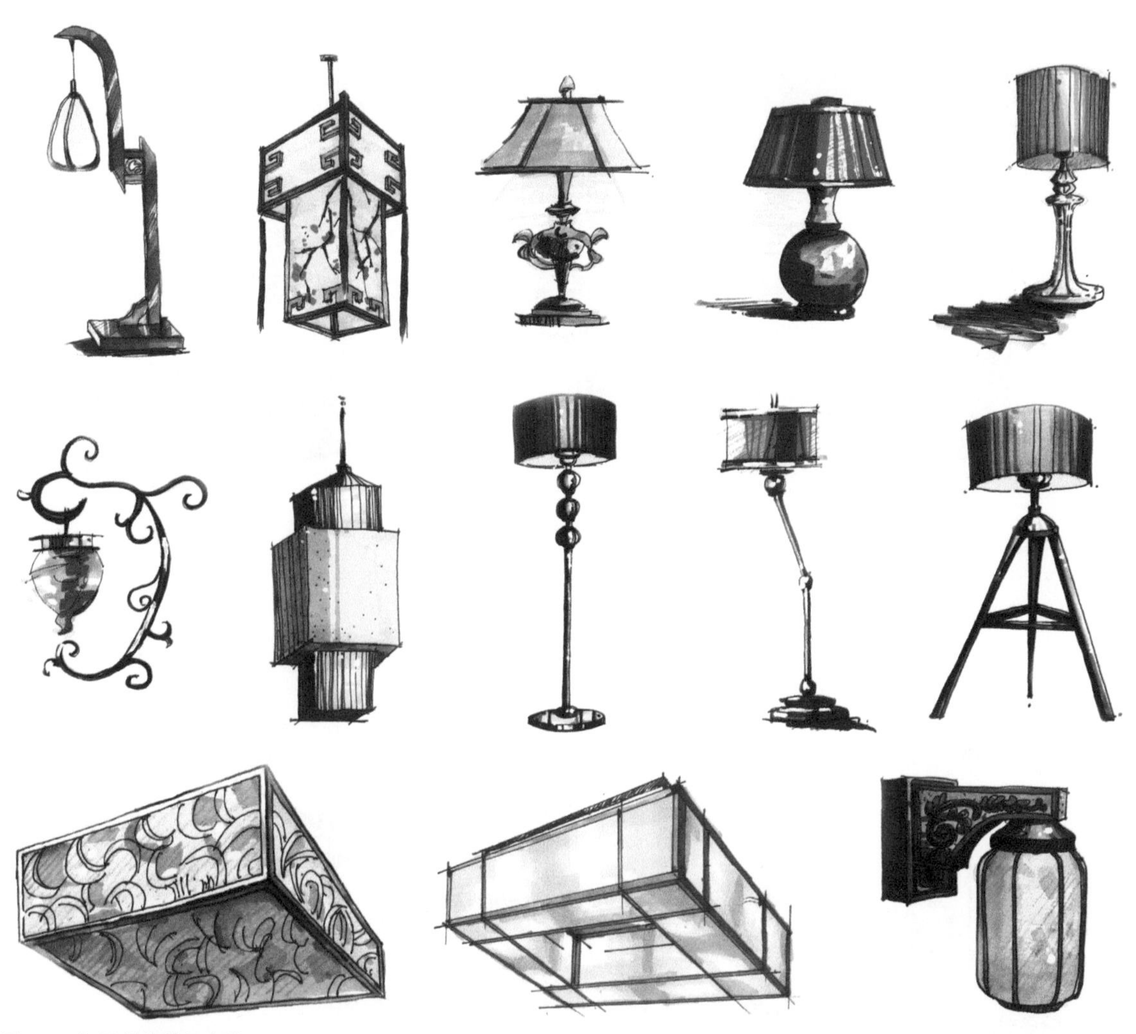

图 3-9 灯具单体着色表现

↑灯具单体着色表现重点在于灯罩的细节刻画，多选用纯度较高的色彩覆盖，灯具的受光面可以不着色或少量着色。灯具着色时还要重点刻画背光面，要能清晰地表现出灯具的明暗面，且明暗对比应当明显。具体着色时需注意灯具所发射出来的光应当与一般光线无异，但在部分环境比较昏暗的室内空间内，可选用纯度比较高，但色彩浓度比较浅的黄色来表现灯具发射的光线。

3.2.5 电器设备

电器设备一般形体较大，多位于画面的边缘地带，自身的颜色较浅，着色方式基本与家具类似，但要更注重亮面的对比，可通过亮面适当留白、暗面加深的形式来突显出电器设备的体积感。

目前电视机与计算机显示器的屏幕是选用深色，还是选用浅色，并没有确定的方式。着色时选用浅蓝色来表现处于画面中央或处于正面角度的显示器，而当电器设备处于侧面视角区域且屏幕面积比较窄小时，则更多会选用深灰色，并使用白色涂改液来进行高光的绘制（图 3-10）。

图 3-10 电器设备单体着色表现

↑大部分的电器设备外表面材料多为塑料、金属等反光度比较高的材质，因此在绘制电器设备的亮面和过渡面时可以有选择性地选用涂改液点白，这种着色方式既能有效地表现高光，又能充分表现出着色的明暗对比，同时也能进一步丰富画面的视觉效果。

3.2.6 门窗与窗帘

门窗绘制重点在于立体感的塑造，在绘制时可尽量缩小门框和窗框等的宽度，增加其厚度，并细致刻画凹入墙体中的门窗上沿部分产生的投影。

玻璃的颜色多源于室内外的景象，通常会选用中性蓝或中性绿来表现玻璃，也可根据周边环境的不同选择不同的色彩，一般门窗玻璃面积较大、周边环境内容较少的，可以使用 3 ～ 5 种深浅度不同的深色来表现玻璃的特征，反之则使用 1 ～ 2 种深浅度不同的深色来表现玻璃的特征（图 3-11）。

图 3-11　门窗与窗帘单体着色表现

↑玻璃着色以深蓝色和深绿色为主，这两种颜色可以很好地丰富玻璃的凸面效果，也可以少量地使用深紫色或深褐色，但建议不要使用黑色。窗帘着色要能表现出窗帘柔软的质地和其独有的褶皱感，多选用比较明快的色彩，以营造比较自然、亲切、轻松和舒适的室内氛围。此外，不同材质的窗帘应当选用不同的笔触，这样才能塑造多种多样的窗帘形象。

3.2.7　背景墙与立柜

背景墙能增强室内空间的立体美感，背景墙的绘制过程便是设计的过程，在进行背景墙单体着色表现时需注意，所选用色彩的明度和色彩对比度不可超过室内家具的色彩，且背景墙与立柜应当具有凹凸不等的造型，着色时需将这些造型细节表现出来（图 3-12）。

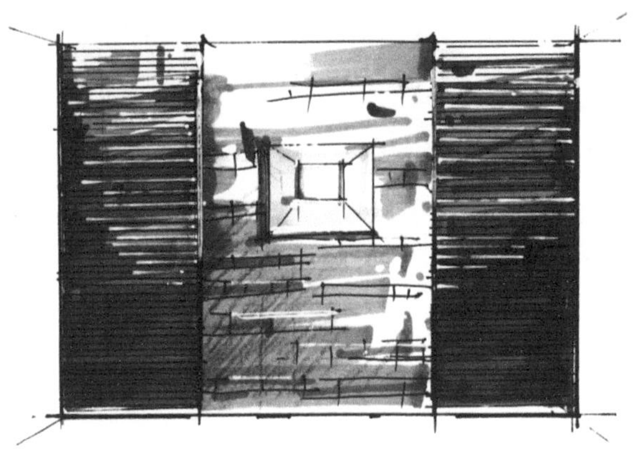

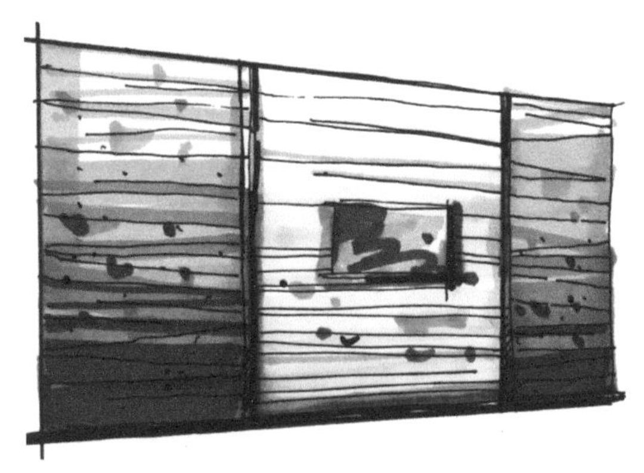

图 3-12　背景墙与立柜单体着色表现

↑→为了强化背景墙与立柜的设计感，一般不会选用色彩浓度较深的灰色或黑色来绘制背景墙的暗部区域。对背景墙形体轮廓的刻画程度不可超过对主体家具的刻画程度，需把控好画面中墙面的主次关系，部分没有设计含义的白墙可直接选用浅色马克笔由底部往上平涂。

3.2.8 室内绿化植物

室内绿化植物多为盆栽观叶和观花植物，个别大型室内空间内设置有小型灌木搭配，在表现时要明确花卉的形体结构，并能与其他常见的绿化植物有所区别。

绘制时应当表现出绿化植物成片生长，且于统一中又有所变化的形态特征，可先使用马克笔直接上色，所使用的笔触应随着植物的穿插和变化而有所改变，绘制时要确保绿化植物的方向性和节奏韵律感，底色完结后可使用钢笔适当勾线，以丰富绿化植物的形象特征。绿化植物的树叶要表现得比较自然，树叶的繁茂状态也应当细致地刻画出来，要能突显叶片与叶片之间的虚实关系和层次关系（图 3-13）。

图 3-13　室内绿化植物单体着色表现

↑由于花卉靠近地面，因此在着色时要利用明暗对比关系和色彩对比关系来表现出花卉与绿叶之间的衬托以及被衬托的关系，同时还可使用点笔的形式来丰富画面效果。花卉绘制时要注意明暗对比关系，一般花卉周边的绿色环境色彩应当适当加深，且在灌木着色时还需提前预留好花卉的位置，这样也能更好地突显出色泽较浅的花卉。色彩之间的搭配也是花卉表现十分重要的一部分，可使用浅蓝色、红色、紫色、橙色、黄绿色等作为花卉的主色，这些色彩可相互叠加。

3.2.9 景观植物

1. 乔木

乔木体积要大于灌木，一般近处的乔木多以单株呈现，乔木着色时要分清主次，要注重树冠轮廓的表现，着色线条应当自然，且能清楚地表现出乔木的形体结构特征。椰子树（热带乔木）着色时要注意叶片不同层次之间的渐变与过渡，且叶片着色应具有连续性，其树干着色应当沿着横向纹理，由上至下逐渐虚化树干轮廓，并确保冷暖色彩运用的合理性（图 3-14）。

图 3-14　乔木单体着色表现

↑乔木着色还需注意枝干分枝位置的处理，要利用明暗对比度的不同来突显出乔木的特点，利用点笔来增强画面的生动感。

2. 灌木

灌木形态较低矮，多成丛成组，多以绿色表现。着色时需分层次使用深浅不一的绿色：底色一般为平铺的浅绿色；第二层为更浅一些的绿色，并选用点绘着色；第三层是暗部的绘制，主要用较深的绿色强化暗部特征，但不可用过深的绿色或深蓝绿色；第四层是细节的刻画，即使用涂改液在亮部和中间部少量点白，以突显镂空效果（图 3-15）。

图 3-15　灌木单体着色表现

↑灌木着色时还可在其底部点绘少量黑色，以增强画面的明暗对比效果，如果灌木在画面中所占面积较大，则可使用蓝绿色、黄绿色或蓝紫色等其他色彩来进行灌木的着色，这样也能丰富画面的视觉效果。

3. 花卉

景观花卉其实也属于乔木，一般花卉多用圆形、三角形、多边形来表现。花卉在着色时需注重明暗对比和色彩对比的表现，并能巧妙地运用色彩突显出花叶之间的主次关系。花卉的色彩应比较丰富，多选用橙色、紫色、黄绿色或浅蓝色等作为花卉的主色（图 3-16）。

图 3-16　景观花卉单体着色表现

↑花卉在绘制时还要能够突显形体特征，可通过适量在花卉亮部点白，表现高光，达到增强花卉体积感的目的。

3.2.10 景观山石

景观山石的具体表现有动静与深浅之分，在着色时要注意其材质、形态以及动静等的细致描绘，注意用笔要能表现出山石的体积感。

山石着色时不需太过复杂，一般多根据线稿中所绘制的山石结构来进行具体的着色工作，多选用冷灰色或者暖灰色来表现出石头的色彩和明暗对比度之间的变化。注意随着石头种类的不同，冷暖色调的深浅度也有所不同，着色时要确保冷暖色调之间的协调性（图 3-17）。

图 3-17 景观山石单体着色表现

↑由于大部分景观水体周边都会布置山石，则可用棕黄色、褐色及灰色等色系的马克笔绘制，注意运笔的挺拔度，并尽量使用短直线运笔，这样也能很好地表现出石材的坚硬质感。

点彩

点彩主要根据明暗关系的变化来实现对主体的衬托效果，适用于较零碎的树叶或远景绿化植物，操作之前应当多次练习。

3.2.11 景观水景

景观水景不可喧宾夺主，要注重水体结构和特色的表现，着色时需注意以下内容。

1. 倒影

水景着色时要注重倒影的表现，倒影色彩一般比较深，多为深蓝色、深绿色或深灰色，且倒影还需能够表现出水体自身波纹的特点，可通过深浅色的对比以及涂改液点白和白色高光笔有序排列线条来达到细致刻画水景倒影形态的目的。

2. 跌水

着色时如需表现出跌水向下流淌的速度感和下坠感，则可使用点笔的方式来细致地绘制跌水四溅的水滴，同时用涂改液来表现高光，以衬托出跌水的形态特征。

3. 景墙

景墙着色时需重点注意透视的准确性，并能通过运笔方式和运用不同的色彩来细致地表现出景墙材质的特点。

4. 喷泉

喷泉着色时要能表现出喷泉向上喷射的力度与水柱下坠时产生的水滴效果，可灵活地运用涂改液或白色高光来表现出喷泉喷涌后坠落的效果（图 3-18）。

亮部区域位于水面远处，着色时要均匀，水面较深区域还可用色彩浓度较深的蓝色来着色，并以 S 形笔触绘制。

跌水区域着色时需注意，为了营造跌水的层次感，在水面转角的部位应当预留高光，可用涂改液点白或用白色高光笔来表现。

可使用竖向运笔的方式来强调水流的垂落面。

水面近处的区域可使用水灰色点笔的方式来重点强调水面波光或反光的效果。

图 3-18 景观水景单体着色表现

3.2.12 景观小品

景观小品能够对空间起到一定的点缀作用，室外景观小品包括建筑小品、生活设施小品及道路设施小品等。景观小品具体分为艺术装置、壁画、雕塑、花坛、座椅、电话亭、音响、指示牌、灯具、垃圾箱、健身器材、游戏设施及装饰灯等。

景观小品体量较小，绘制比较简单，着色时要注重构造形体和明暗关系的体现。景观小品在着色时可选用多种不同的色彩，首先应考虑小品的固有色，其次便是整体画面的环境色。注意景观小品不可过度强化明暗对比度，在色彩叠加时还要考虑到体积感的营造，不可选用过深的色彩。表现景观小品构造形态时要强调主次分明，所选用的着色线条应当比较纤细、自然，可深入刻画主要小品（图 3-19）。

图 3-19　景观小品单体着色表现

↑利用深浅对比色来表现花坛、座椅等小品的体积感，一般应先着整体浅色，再着暗面深色，如果色彩深度不足，还可选用较深的彩铅倾斜 45° 排列线条，在马克笔基础上平涂一遍即可。此外，景观小品着色时还要注重周边绿化、水景以及天空等色彩的选择，以便能更好地丰富画面视觉美感。

3.2.13 景观门窗着色

景观门窗是景观建筑中比较重要的一部分，它的绘制会影响到建筑和景观的整体效果。为了表现出景观门窗玻璃的材质特色，多选用中性蓝或中性绿来表现，且玻璃的色彩具有不确定性，它会随着周边环境的变化而有所改变。

当景观门窗的玻璃面积较大，而周围环境面积较小时，可赋予玻璃 3 ～ 5 种深浅不同的深色；当景观门窗玻璃面积较小，周围环境面积较大时，可赋予玻璃 1 ～ 2 种深浅不同的深色。为了突显门窗的凸面效果，尽量不要使用黑色，可用少量深紫色、深褐色等来突显景观门窗的体积感(图 3-20)。

图 3-20　景观门窗单体着色表现

↑景观门窗着色时还需重点表现出玻璃光滑的质感，要利用深色来突显浅色，并利用涂改液提亮玻璃的亮部，以便能形成比较明显的明暗对比。对于部分非玻璃制成的景观门窗，则可选用相对应的色彩来表现材质特色，例如使用木纹的黄褐色来表现木质门窗，使用铁门的红棕色来表现铁质门窗等。

3.2.14 景观天空云彩

景观空间中的天空云彩是在主体对象之后绘制，由于天空云彩一般位于树梢和建筑的上方，因此着色时多选择浅蓝色、浅紫色，又由于树梢和建筑的顶部多为受光面，色彩较浅，天空云彩在着色时要求能够衬托树梢和建筑的轮廓，并要注重明暗对比度的把控，以便能营造更好的视觉效果。

天空云彩的着色深浅程度应根据整个画面的色彩关系来确定，为了画面的统一性和整体性，可选择在马克笔着色的基础上，再选用更深层次的同色系彩铅，在云朵的暗部区域以 45° 斜向绘制排列的线条，同时还可使用尖锐的彩铅来细致刻画树梢与建筑的边缘，以此来实现丰富画面视觉效果的目的（图 3-21）。

图 3-21 景观天空云彩单体着色表现

↑天空云彩着色时的运笔速度要快，可以通过使用快速平推配合点笔的形式来表现天空云彩的特点，并能表现出每一朵云彩的体积感。

3.3 组合空间着色

组合空间着色表现主要是利用空间内各单体的色彩冷暖的变化来实现不同氛围的营造，在着色时，依旧需要以线稿为基础。组合空间着色表现根据空间的不同可分为家居空间着色表现、办公空间着色表现、商业空间着色表现、建筑景观着色表现、酒店景观着色表现、别墅庭院景观着色表现、商业广场景观着色表现等。

3.3.1 家居空间

家居空间着色表现首先应当确保透视形体结构的正确性，其次是空间内物体摆放位置和比例关系的正确性。

家居空间内部根据功能的不同，分区也有不同，如客厅、卧室、厨房、餐厅、阳台、书房及卫生间等，每一个分区都有其特定的氛围，着色时所选定的色彩要符合分区内的设计氛围。

家居空间着色时需分清主次关系，这包括整个家居空间的主次关系和单个功能分区内的主次关系，且分区内的虚实关系也要处理好，可通过空间内物品的固有色和光源色、环境色等来表现空间的冷暖感。着色时要注重投影的细致刻画，地面与投影之间的色彩应当有所加深，这样也能丰富整个画面的色彩层次，但必须注意空间顶部不需要使用太多的色彩，简单、大方的平涂即可。

重视画面构图，平衡的构图以及巧妙的取景角度能够很好地衬托出画面的中心，画面的视觉效果也能因此有所改变。

着色顺序应正确，根据色调要求逐步完成从近景到远景着色，空间内墙面、顶面及地面等需用大笔触快速运笔，并注意色彩的冷暖变化以及光影变化需要在色彩还未完全干透时进行过渡，同时注意过渡的柔和性（图 3-22）。

层高较低的卧室，顶面的色彩应当简单化，色彩过多，反而会显得压抑。

墙面靠近顶面的色彩不宜过多，使用较浅的纯色即可。

抱枕的色彩可以多样化，且这些色彩能够与深色的床上用品形成鲜明的对比。

处于画面边缘的家具设备在着色时应当适当地弱化色彩对比度，以便形成一定的空间感。

图 3-22 家居空间着色表现

3.3.2 办公空间

办公空间着色时要注重空间透视和结构转折的正确性，在着色时应当从近景往远景推，对于画面近景区域的物品应当细致刻画，远景区域内的物品则可概括化。着色时要注意整个办公空间的透视关系，要能够用比较规整的着色线条来表现出顶部以及地面材质的特色。

在着色时，还需更深入地表现办公空间的层次关系，应当细致地表现出办公座椅材质的细节特点，包括色彩特点、纹理特点以及材质特点等，并注意适当留白，以使家具在视觉上更显透亮。同时还需通过深浅色彩的应用来表现空间阴影与地面的反射效果，注意着色要遵守“近亮远暗”的原则，要能表现出空间的进深感（图 3-23、图 3-24）。

图 3-23　办公空间着色表现（一）

图 3-24　办公空间着色表现（二）

3.3.3 商业空间

商业空间所包括的空间较多，如餐厅、咖啡厅、酒吧、商场、KTV及书店等。

商业空间在着色时需逐步地完善空间内部的结构和光影关系，并能适当地突显出背光面的暗部和物品的投影面，着色时应先用马克笔画出明暗和结构关系。在预留出远处的白色的基础上大面积地平铺上色，平涂时要注重色调的协调性，色彩运用不可过多。底色完成后即可使用马克笔进行受光面着色，为了提高暗部的活泼度，在着色时还可少量添加暖灰色；然后再逐步进行色彩的冷暖及明暗过渡，注意所运用的色彩要能表现出建筑内部的延伸和空间感。最后进行整体调整，深化地面色彩和投影的刻画，以突显空间的节奏和变化（图3-25、图3-26）。

顶棚选用横向笔触绘制，运笔不拖沓，整体感比较强。

细致刻画分隔墙面的造型，能够有效增强空间的立体感。

画面远处的绿植选用浅绿色绘制，能够很好地衬托深色的地面。

远处分隔墙面分色块绘制，在马克笔着色基础上又覆盖有彩铅排列的线条，画面效果会比较丰富。

图3-25　咖啡厅着色表现

顶面着色自然，用色单一，色彩之间的过渡也比较自然。

此处可使用白色涂改液绘制顶部构造轮廓处的高光，此处高光呈平行姿态。

位于画面中心地带的墙面选用了浅色，这种色彩能与周边的深色形成比较鲜明的对比。

强化地面阴影能够丰富整个画面的视觉效果。

图3-26　餐厅着色表现

3.3.4 建筑景观

建筑景观着色首先要注重建筑结构的细致刻画，确保比例和透视关系的准确性，明确画面的明暗关系，并分清配景与建筑的主次关系。

着色要能区分出植物在用色上的区别，使其具备一定的层次感，远景内和近景内的乔木应当分别使用不同纯度的色彩表现。在统一大色调的基础上，增强亮部和暗部的对比以及色彩冷暖的对比，注意暗部着色时可适量地增添一些冷灰色。最后深入刻画投影细节，要准确地表现不同材质的固有色以及景观与建筑之间的阴影关系，并能通过对色彩的运用，进一步深入刻画景观环境，以达到丰富画面色彩关系和空间层次的目的（图 3-27、图 3-28）。

绿植接近天空，可用蓝色进行具体的着色，但要与天空的蓝色有所区别。

主要景观树木的色彩可以丰富化，可选用橙色或黄色，能营造比较醒目的视觉效果。

建筑景观中的建筑构造要具有较强的明暗对比，且光影效果也应很突出。

图 3-27　建筑景观着色表现

画面边缘的树叶选用绿色和蓝色着色，着色时运笔速度要快，且绿色和蓝色要能相互融合。

中景建筑构造着色时要突出重点，要能清晰地表现出阳光在建筑构造上产生的投影光线。

近景区域内的绿植可采用多种深浅不一的绿色，配合以点笔的方式着色。

图 3-28　建筑景观着色表现（柏晓芸）

3.3.5 酒店景观

选用色彩浓度较浅的马克笔大面积平铺底色，在确认酒店景观内部植物、水景、硬质铺装的固有色后，可进行第二层着色。着色时要注意前后光影的明暗关系和空间虚实关系，并明确暗面、亮面以及灰面之间的关系，用不同的色彩表现。在大色调统一着色后，可利用色彩明度、纯度、饱和度的不同来表现亮部和暗部不同的色彩特征及冷暖特征，同时酒店景观的光影关系要时刻处于顶面亮、侧面灰、背面暗的状态中。为了丰富画面的整体效果，可通过在暗部区域内添加少量的冷灰色，来达到突显暗部和亮部冷暖色彩关系的目的。最后进行细节的调整，利用钢笔、高光笔、彩铅的不同笔触来深入刻画景观中跌水的细节部位（图 3-29、图 3-30）。

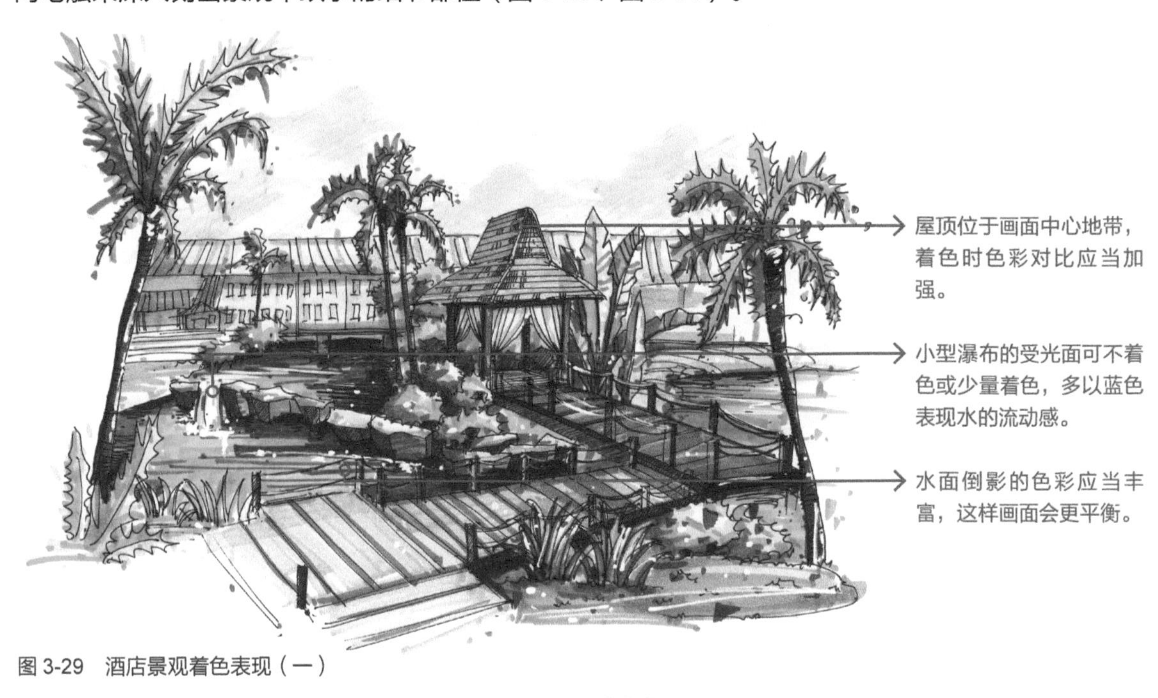

图 3-29 酒店景观着色表现（一）

图 3-30 酒店景观着色表现（二）

3.3.6 别墅庭院景观

别墅庭院景观着色要注重建筑结构的细致刻画，着色要能更清晰地展示别墅庭院景观的特色。在大色调确定的前提下，能区分出植物色彩在纯度、明度以及饱和度上的区别，并能使其具备一定的层次感。远景内和近景内的乔木应当分别使用不同纯度的色彩来表现，且远景应当选用偏冷的灰色，并整体进行刻画，近景应当选用色彩饱和度较高的颜色，并进行细节刻画，在绿植的刻画过程中还需增强亮部和暗部的对比以及色彩冷暖的对比。深入刻画投影细节，需准确地表现不同材质的固有色以及景观与建筑之间的阴影关系，并能通过对色彩的运用，进一步深入刻画景观环境。同时，在绘制时应注意对空间虚实的强调和空间进深感的塑造（图 3-31、图 3-32）。

图 3-31　别墅庭院景观着色表现

图 3-32　别墅庭院景观着色表现（柏晓芸）

3.3.7 商业广场景观

商业广场景观着色要确保透视的正确性，注重景观内物体的虚实对比。在确定好线稿后，需要确定主色调，并对植物、建筑楼体以及其他景观构筑物的固有色开始着色，注意所选用的色彩要在明度、纯度以及色相上有所区别，要能表现出植物、建筑楼体以及其他景观构筑物色彩的前后关系。

商业广场景观中的绿植会占据较大的空间，绿植的色彩与整幅画面的色彩有着直接的关系，在绿植着色时要明确树种不同，绿植所处的区域不同，最终所选用的色彩也会有所不同。除此之外，要清晰地认识到，远景区域色调为偏冷的灰色，且为整体着色，近景区域色彩饱和度高，且细节刻画需深入表现。

在保证整体画面协调、统一的前提下，还需细致刻画暗部区域与近景区域内水池和地砖的细节，空间内的硬质铺装也应当使用浅灰色或留白来表现，这样能使空间氛围更轻松。在具体着色时，要能够突显出亮部与暗部的色彩差异，并能表现出广场景观内物体的色彩冷暖关系和光影关系等，必要时还可使用彩铅覆盖马克笔基本色，彩铅可很好地过渡画面中的色彩衔接（图 3-33 ~图 3-35）。

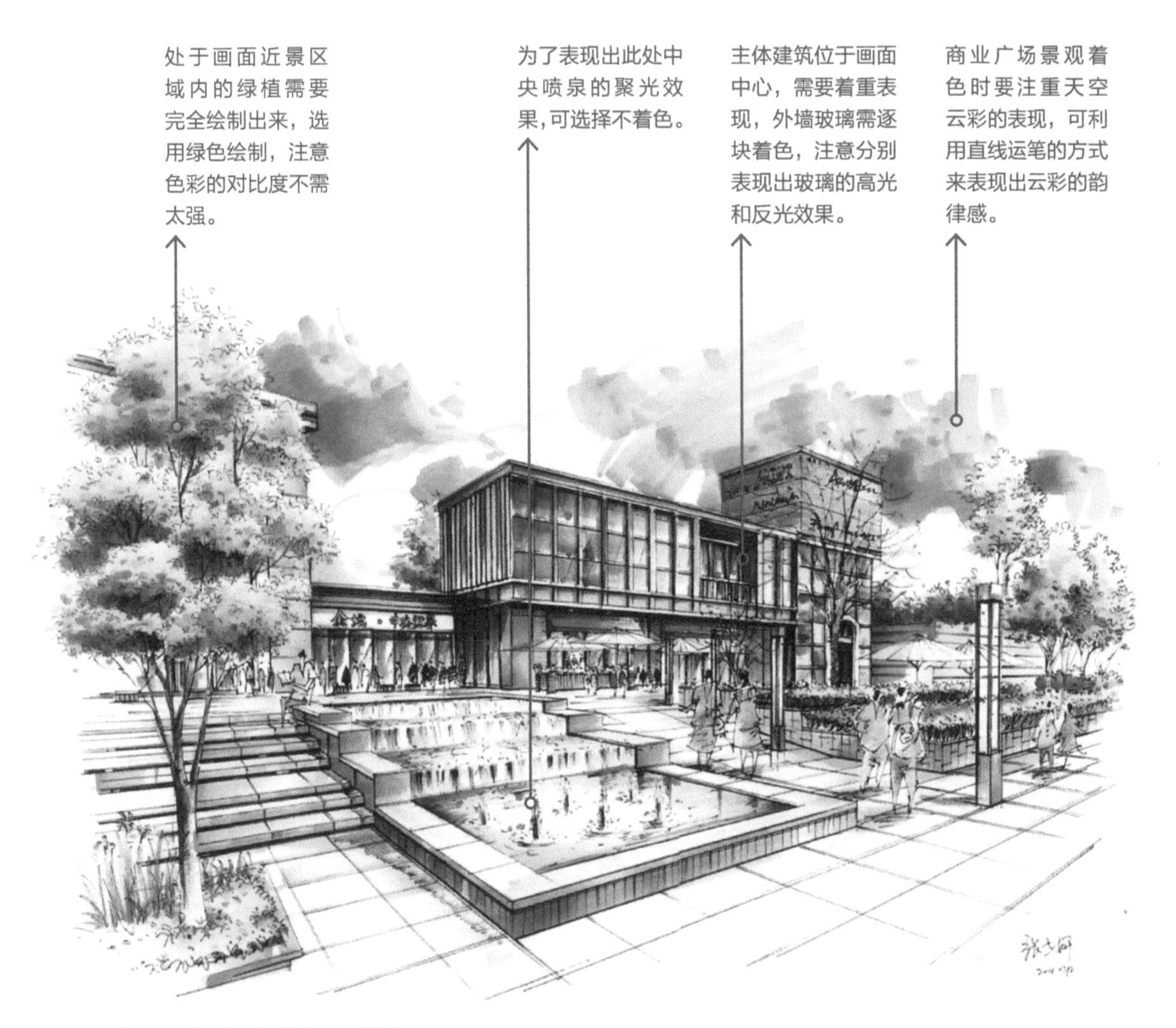

图 3-33 商业广场景观着色表现（张子妍）

图 3-34　商业广场景观着色表现（柏晓芸）

图 3-35　广场景观着色表现（张子妍）

小贴士

绿化植物着色要点

1. 同色系的明暗对比。在同一种绿植上，应当选用同一色系中浅、中、深 3 种不同颜色来着色。一般是先大面积覆盖浅色，再用中色压盖一部分浅色，最后用深色压盖一部分中色，这样的色彩能营造出较好的层级效果，绿植的体积感也能有效增强。

2. 灵活多变的点笔和挑笔。绿植着色时善用点笔和挑笔技法，能够很好地活跃画面内容，且这两种运笔既可以不局限于轮廓线条以内，又可以随意点到轮廓以外去表现丰富的枝叶形态。

3. 善用涂改液。在深色部位点涂涂改液可表现出枝叶间的空隙，这既能进一步丰富画面，也能让整体效果更精致、自然。

第4章 说明文字书写方法

学习难度： ★★☆☆☆

重点概念： 标题文字、思维导图、设计说明

章节导读： 文字是用于承载语言、记录思想、交流传递思想的符号，它具有一定的引导意义。快题设计图稿中的文字能够引导阅卷老师了解设计主题、设计目的、设计过程、设计内容等信息。本章将通过对标题文字书写、思维导图绘制以及设计说明编写等内容的详细解说来明确设计方案中文字书写的重要性。

4.1 标题文字书写

标题文字是用于标明快题设计主题的短语，它能使阅卷老师迅速了解设计主题与表现内容。快题设计中的标题文字主要可分为主标题和副标题，在书写时要注意主副标题的协调性。当主标题内容较长时，可以缩小或变换部分非关键词的字体字形，让标题文字具有更丰富的视觉效果。

4.1.1 书写步骤与技巧

标题文字是快题设计的重中之重，在书写时应当注意以下五点。

1. 内容

标题文字内容不可词不达意，书写时应当言简意赅地表达出设计的主题。主标题文字内容用于说明设计概念，副标题的内容则用于具体解释主标题的内容，当然也可只使用主标题，一切根据绘图者的书写习惯而定。

2. 大小

标题文字要具有鲜明的特征，字号要适中，且主副标题之间的字号大小、高低位置均要有所区别。

3. 书写要求

标题文字书写应当整齐，且还需具备一定的美感和设计感，并能清晰可辨，一般可选用 POP 字体、黑体或其他艺术字体来书写标题文字。

4. 色彩

标题文字色彩应当醒目，但仍需与整体图稿色彩相协调。

5. 位置

快题设计中的标题文字多放置于整体图稿的左上角区域或右上角区域，也可根据图稿内容放置于右下角区域，但需注意图稿画面的平衡感（图 4-1）。

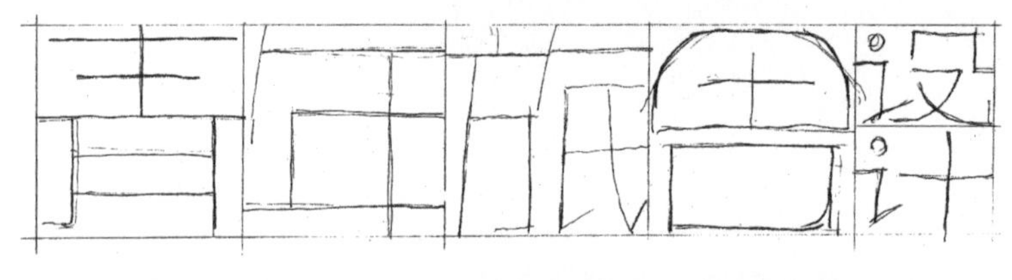

←构建。采用较硬的铅笔起稿，以简练的笔触绘制出文字框架，字体结构尽量饱满，不必追求字体与风格，端庄稳重即可。

←基础着色。采用马克笔宽头顺应框架结构着色，在笔画的起始段与结束端采用细头收拾利落，部分较长的笔画可以描绘边缘，使其更加挺拔。

←二次色彩深化。采用勾线笔强化边缘阴影，可以有选择地在文字中绘制装饰图案，甚至可用白色涂改液来增添高光，采用浅色平铺覆盖局部底色。

图 4-1　标题文字书写

4.1.2 标题文字示范

鉴赏他人优秀的作品同样是快题设计标题书写中很重要的一步，要求设计者具备自谦心态，能从优秀作品中吸收好的书写技巧，并能融会贯通，运用到自己的快题设计中（图 4-2、图 4-3）。

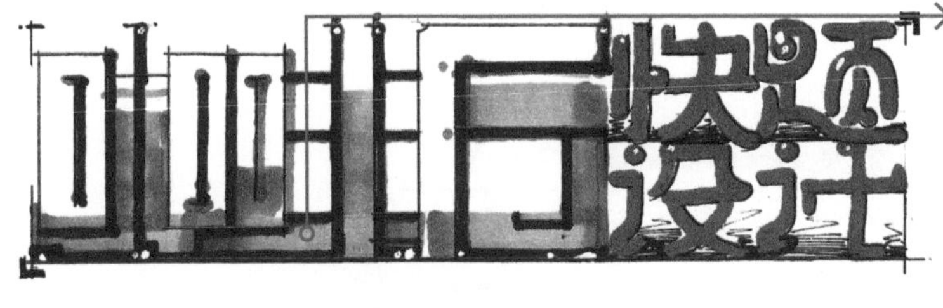

有选择性地用较宽笔触横向运笔，形成厚重的笔触效果，投影集中在文字右下角，对所有笔画的右侧与下侧绘制深色投影。

笔画的宽窄结合，需要经过缜密思考后再决定宽笔与窄笔的分配，同时选用对比较强烈的色彩。

圆头笔触表现的端庄感会比较弱，但是字体的饱和感会比较强。

自由文字的书写有一定难度，很难统一所有文字的重心，但是能与设计主题关联起来，可以通过增加投影与高光来强化字体形态。

可以适当考虑设计文字之间的交互形态，曲线、折线相互穿插都是常用的方法。给较宽的文字增加骨架也能提升体积感。

连笔文字结构可以考虑在某两个字之间进行设计，这种设计具有偶然性，不必强求，如果将所有文字都设计为连笔，可能会比较牵强。

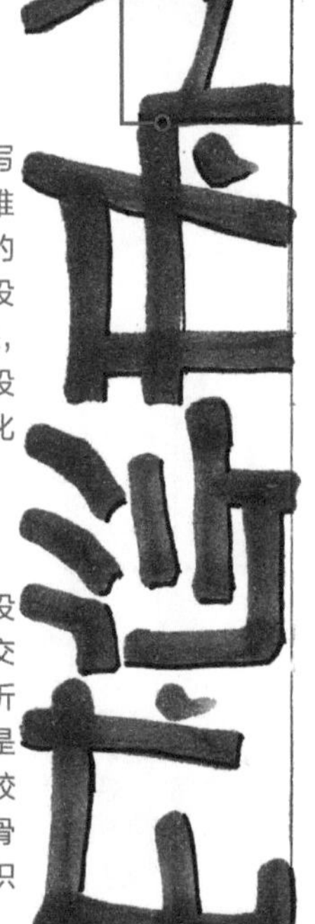

图 4-2　初步标题文字设计

↑初步练习标题文字时，最需要注意的是文字结构是否饱满，笔画是否能将整个框架撑满，这样就能平衡不同形体文字的视觉效果，实现这个效果后，再考虑对文字进行必要的装饰，如勾勒投影、骨架；增添倒影、高光、底色；颜色分配、错开等。

局部笔触叠加能产生较强的体积感，前提是字体造型应当统一、端庄，叠加的比例也不能太大。

部分笔画或笔画之间的空白处，可以用深色填涂覆盖，形成断续的连笔效果。

文字底部增加深灰色，降低视觉重心。

对文字笔画末端进行适当变形，但是幅度不宜过大。

搭配少量英文能起到良好的装饰效果。

较细的文字笔画可以适当加深，尤其是加深边框轮廓，形成较端庄的形体。

文字间的距离不宜过大，上限一般为文字宽度的 20%。

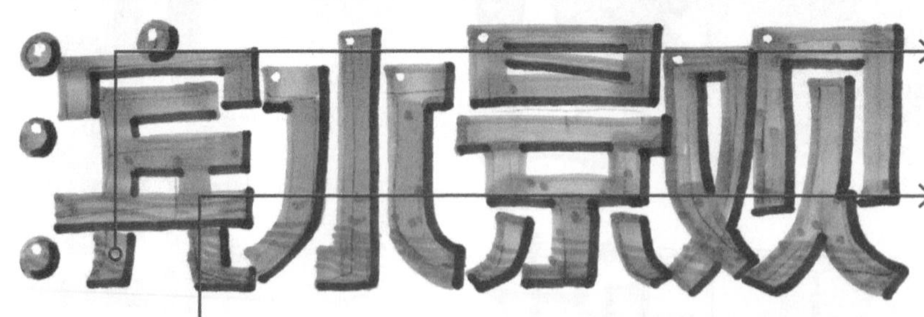

较宽的笔触适用于字形结构较简单的文字，同时可以增添纹理来强化主题内容。

如果文字采用较方正的笔画，文字之间的距离应当收紧，这样整体感会更强。

笔画间较小的空白可以局部填涂颜色来增强文字的体积感。

图 4-3　深入标题文字设计

↑深入练习标题文字可以进一步丰富字体样式，粗细结合并搭配多种装饰手法来提高视觉表意效果。

4.2 思维导图绘制

思维导图是一种简单却实用性较强的思维工具，通过中央关键词或中心设计思想，从而联想出其他形象化字词。这是一种图解模式，它能很好地表达出设计所需的发散性思维。快题设计中所用的思维导图有气泡图、过程图、导向图、关系图以及简表图等。

4.2.1 思维导图绘制步骤

思维导图绘制要注重图文合并的技巧，在绘制时要明确地标明各级主题的关系，并能使设计主题关键词与一定的图像、色彩等建立既定的记忆连接。

1. 作用

思维导图能够帮助构建与设计相关的框架，能够表达设计重点，能够细化设计的节点，同时也能使快题图稿更具逻辑性。

2. 注意事项

思维导图绘制时应注意子主题必须围绕主要主题展开，图中所有内容必须简单、明了，语句或图像应能直接点明设计主题。绘制思维导图时需注意色彩的搭配，引线色彩和主要图像的色彩都应当搭配合理。绘制思维导图时要明确思维框架的正确性以及合理性，并控制好其在图稿中所占的比例（图 4-4）。

→步骤一

采用黑色绘图笔绘制线框结构，并标注简要文字说明。图中首先对室内空间进行初步划分。

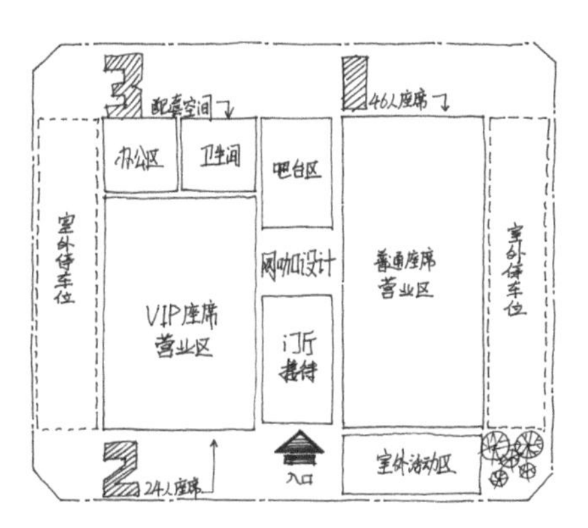

←步骤二

分区域着色，采用马克笔大面积上色，适度保留文字信息所在的区域，为后期调整留有余地。

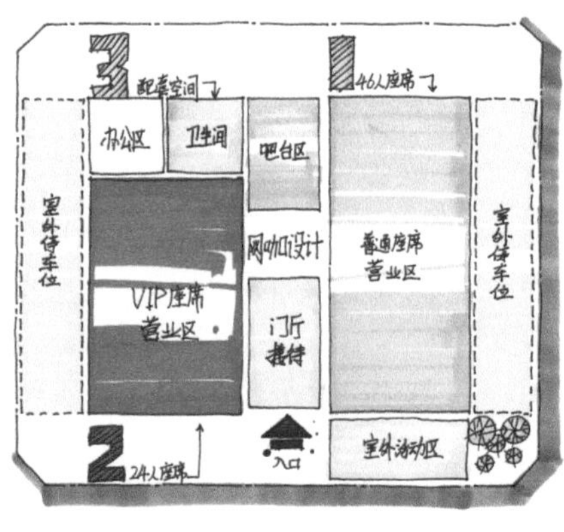

→步骤三

在图中标注详细文字，文字集中书写在区域下部具有稳重感，增添指示箭头，明确交通流线。

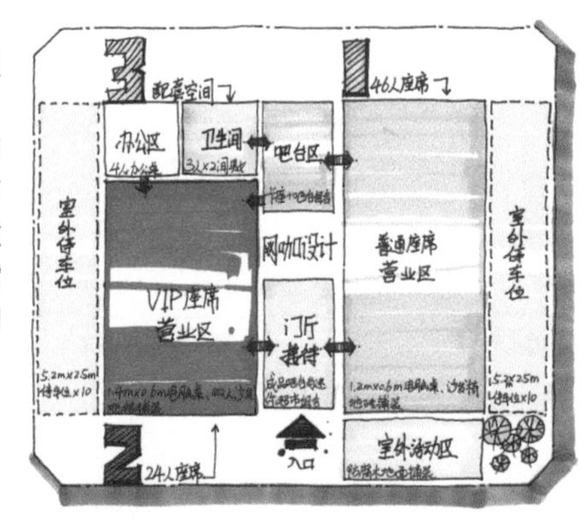

←步骤四

强化着色，对主要空间区域大面积覆盖并加深，采用斜线来强化区域色彩，对各区域进行强化描边处理。

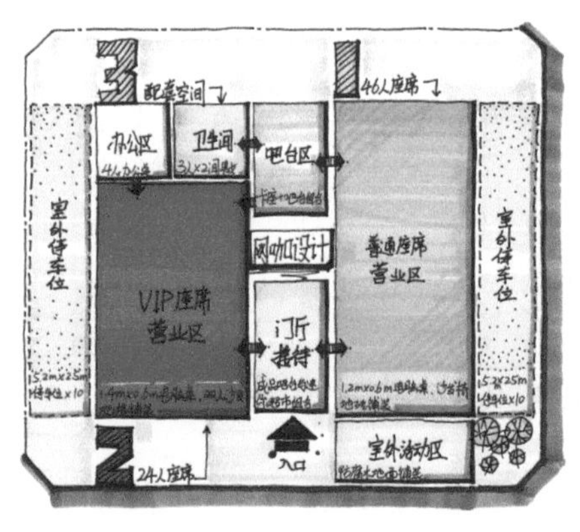

图 4-4 思维导图绘制步骤

4.2.2 气泡图

气泡图是以气泡形状为主的绘制图来展示设计信息，与其有关的形式多种多样，可以为散状气泡，或与坐标系结合，或在它们之间用各种连接线呈现关系。

气泡图主要可用于表现设计布局的特点，同时也可对设计中的内容做以具象化的分析，如种植分析图、交通分析图及功能分析图等（图 4-5）。

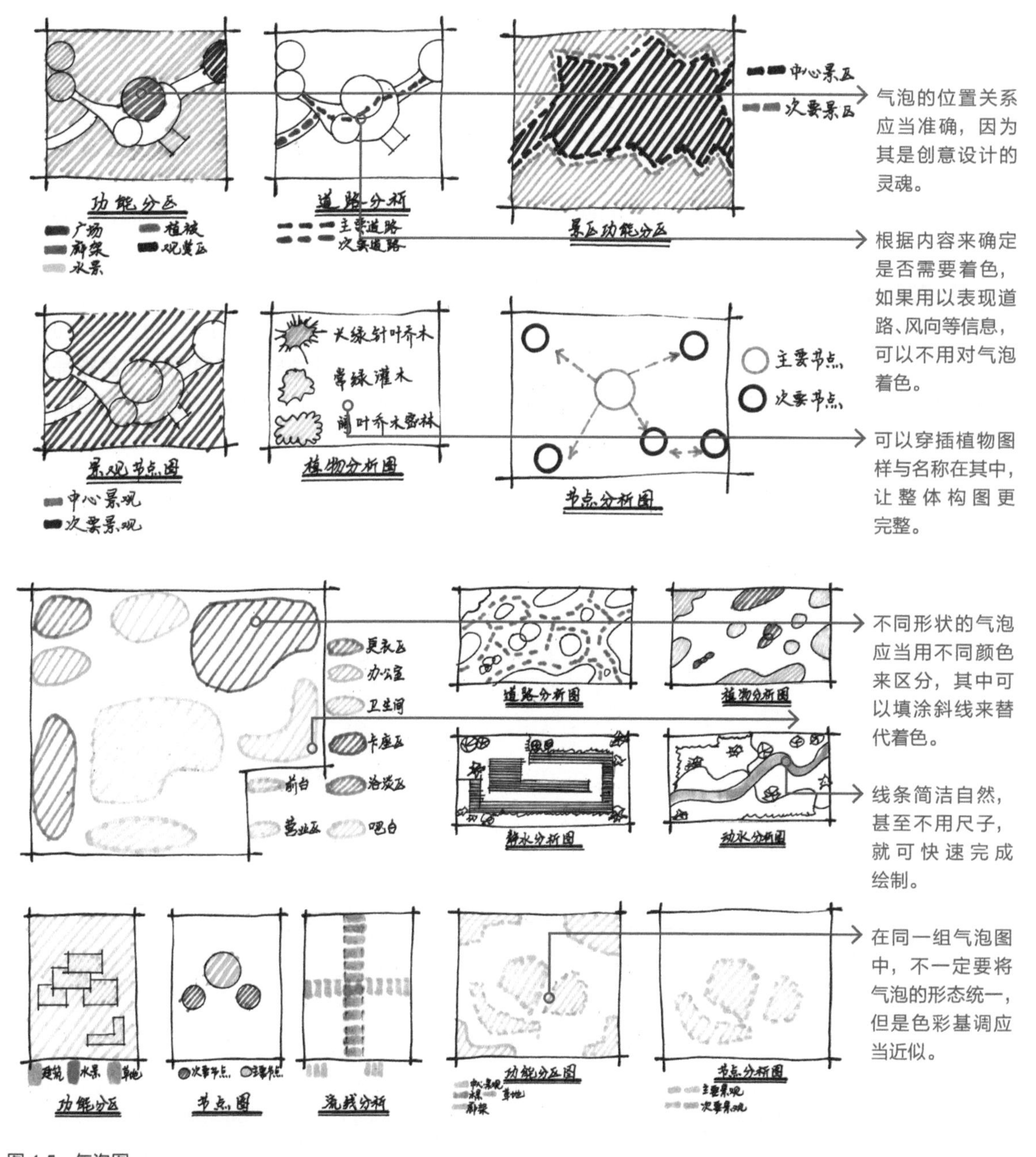

图 4-5　气泡图

↑气泡图设计与绘制基本不存在难度，这也是绝大多数快题考试中的主流创意图，但是这种图所占据的幅面不应太大，否则会显得粗糙。

4.2.3 过程图

过程图主要是以特定的符号或图像来表现设计灵感或设计内容的转变过程，绘制时需要明确设计内容的具体变化形式，并能以比较形象、生动的手法将设计特点展示在二维平面图纸上（图 4-6）。

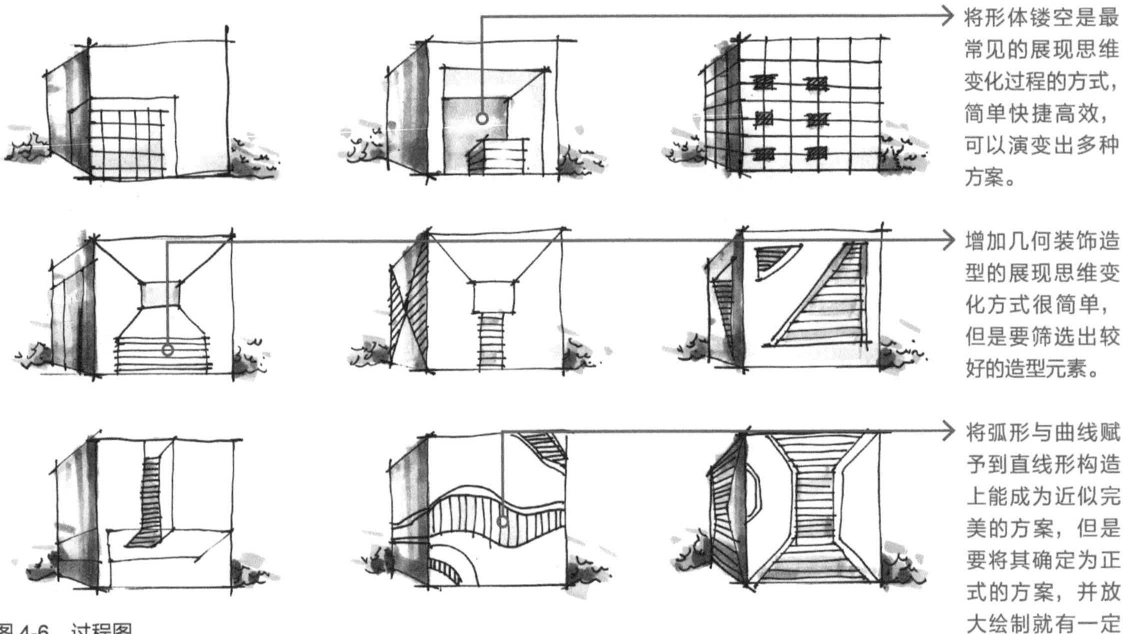

图 4-6　过程图

↑将设计思维过程呈现出来，是深度反应创意设计的良好表现方式，能从中找到更合适的创意方案，不要为了获得创意过程而反向设计，很容易被阅卷老师看出来，最终得到不理想的分数。将正向思维进行拓展就能得到更多设计方案，与此类似的方案均可呈现在图纸上。

4.2.4 导向图

导向图能为设计提供一定的引导作用，它主要是利用引线及符号来表现设计特征，如交通流线图、员工流线图等，绘制时要保证导向引线的有序性和正确性（图 4-7）。

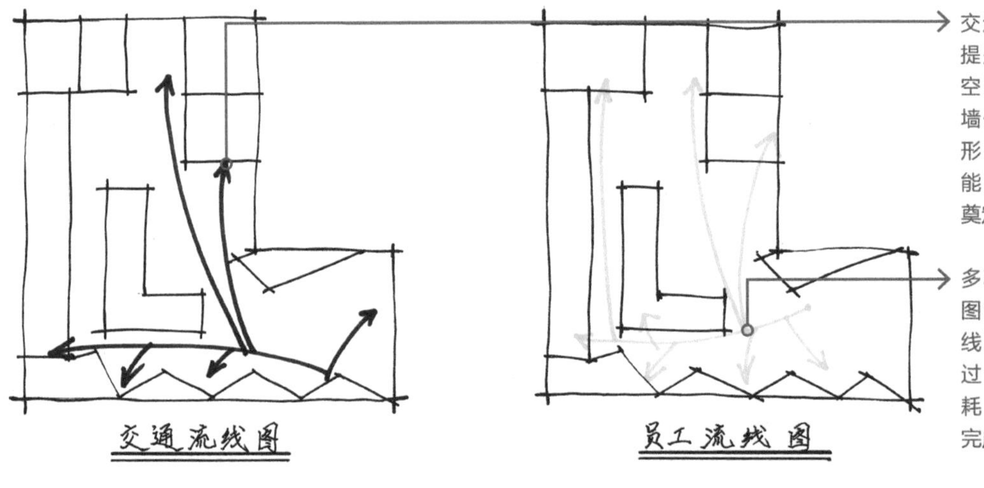

交通流线图的前提是要将各区域空间表现出来，墙体分隔与空间形态要完整，才能为流线的绘制奠定基础。

多种流线可以分图绘制，但是流线图的面积不宜过大，也不要消耗过多时间来完成。

图 4-7　导向图

↑导向图中的箭头尽量简洁，也可以在同一张图中表现出多种箭头，但是要区分色彩。

4.2.5 关系图

关系图主要是利用文字和引线结合的方式来重点突出设计中各元素之间的关系，它能比较直观地表现出设计元素之间的层级关系，绘制时注意不可混乱各设计元素之间的逻辑关系（图 4-8）。

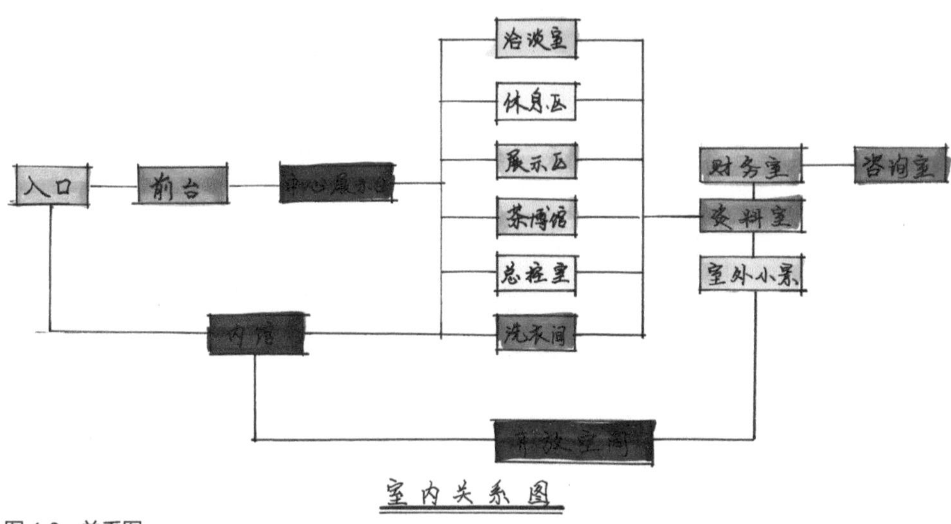

←关系图是最标准的思维导图，但是由于考试时间比较紧张，可以采用最精简的方式来表现，甚至可以采用图表的形式来绘制。不同主题文字底框可以选用不同色彩，但是要对色彩进行分类，并形成一定的对比效果。

图 4-8 关系图

4.2.6 简表图

简表图主要是通过图例和文字相结合的方式来阐明设计中所应用材料的特征。在简表图中一般会标明材料的规格、图例以及应用范围等信息，绘制简表图时要保证图例和规格能符合设计要求（图 4-9）。

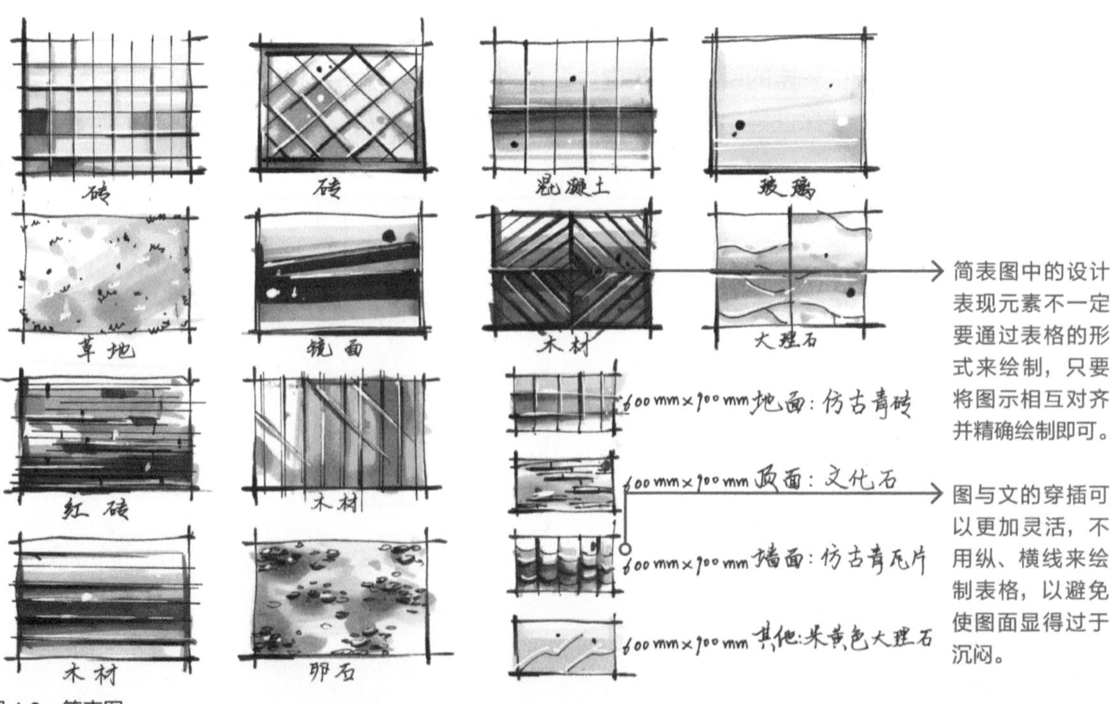

→简表图中的设计表现元素不一定要通过表格的形式来绘制，只要将图示相互对齐并精确绘制即可。

→图与文的穿插可以更加灵活，不用纵、横线来绘制表格，以避免使图面显得过于沉闷。

图 4-9 简表图

4.3 设计说明编写

设计说明是以文字的形式来具体阐明设计的内容、目的、要求以及内涵等信息，在书写设计说明时不仅字迹要清晰，同时书写内容也需立意明确。

4.3.1 设计说明内容

设计说明是对设计的一种概括，它的形式和内容要符合设计主题，且应当具备一定的客观性，文字内容不可过于复杂，也不可过于简单。在书写设计说明之前要明确整个设计项目的规划过程和规划目的，书写时要选用比例合适的字体，文字位置应符合整幅快题图稿的版面要求，书写字数控制在 200 ~ 300 字之间。设计说明应包含形体创意、色彩材质、使用功能、适用群体以及未来发展等内容（图 4-10）。

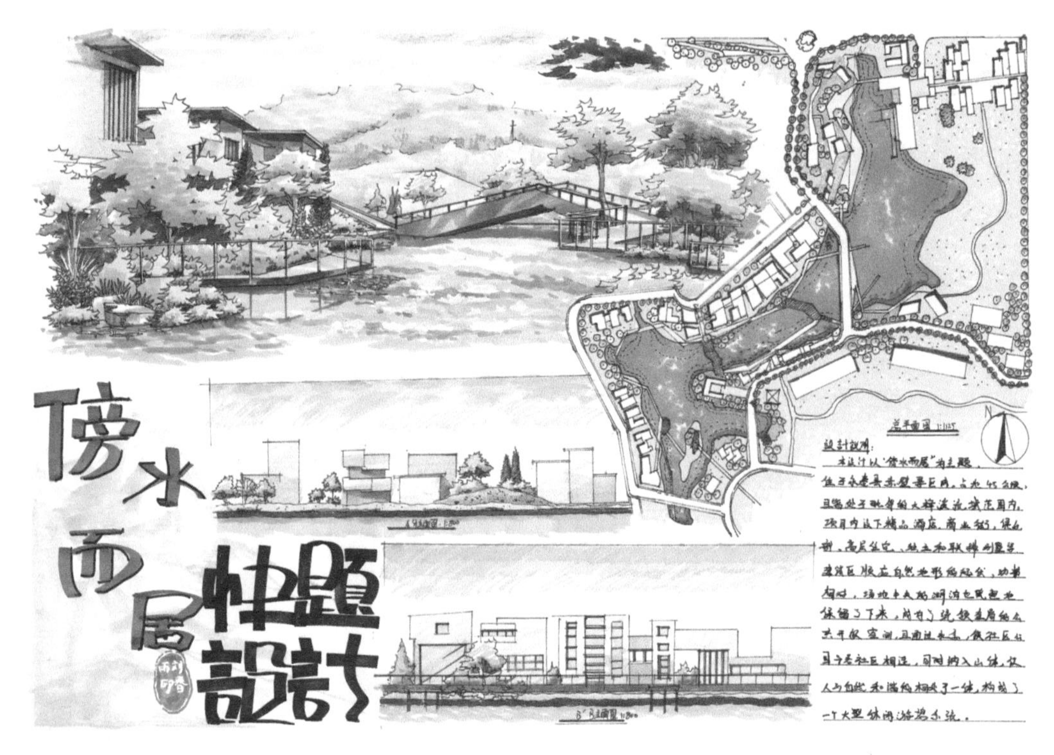

图 4-10　快题设计住宅区景观

↑设计说明：

1. 形体创意。本设计方案为傍水而居的住宅区景观设计，整个设计采用了极具现代气息的几何造型来塑造景观和建筑的形体。设计中巧妙地将几何造型和自然生态曲线结合在一起，并使其形成鲜明的对比，从而达到激发居住区生态活力的目的。

2. 色彩材质。本设计中的主体建筑外墙装饰主要选用了米色的外墙岩片漆，这很好地突显了建筑的复古气息，此外，设计中的公共景观桥梁与驳岸则采用了清水混凝土装饰，并对其表面进行了磨光处理，视觉效果很好。

3. 使用功能。该居住建筑环绕在水景周边，设计中的主要景观设计布置在桥梁两端，能够形成隔岸呼应的视觉效果。

4. 适用群体。本设计项目绿地开阔，容积率较低，是建设在远离闹市喧嚣的郊区的居住地产项目，适用于度假、养老等群体。

5. 未来发展。未来低密度住宅宜居地产项目将会是今后我国房地产开发的主流，同时这种设计项目也会是投资者、使用者的首选。

4.3.2 设计说明对比案例

通过不同形式设计说明的对比，可以清晰地认识到更能突显设计项目魅力的设计说明形式（图 4-11 ~图 4-13）。

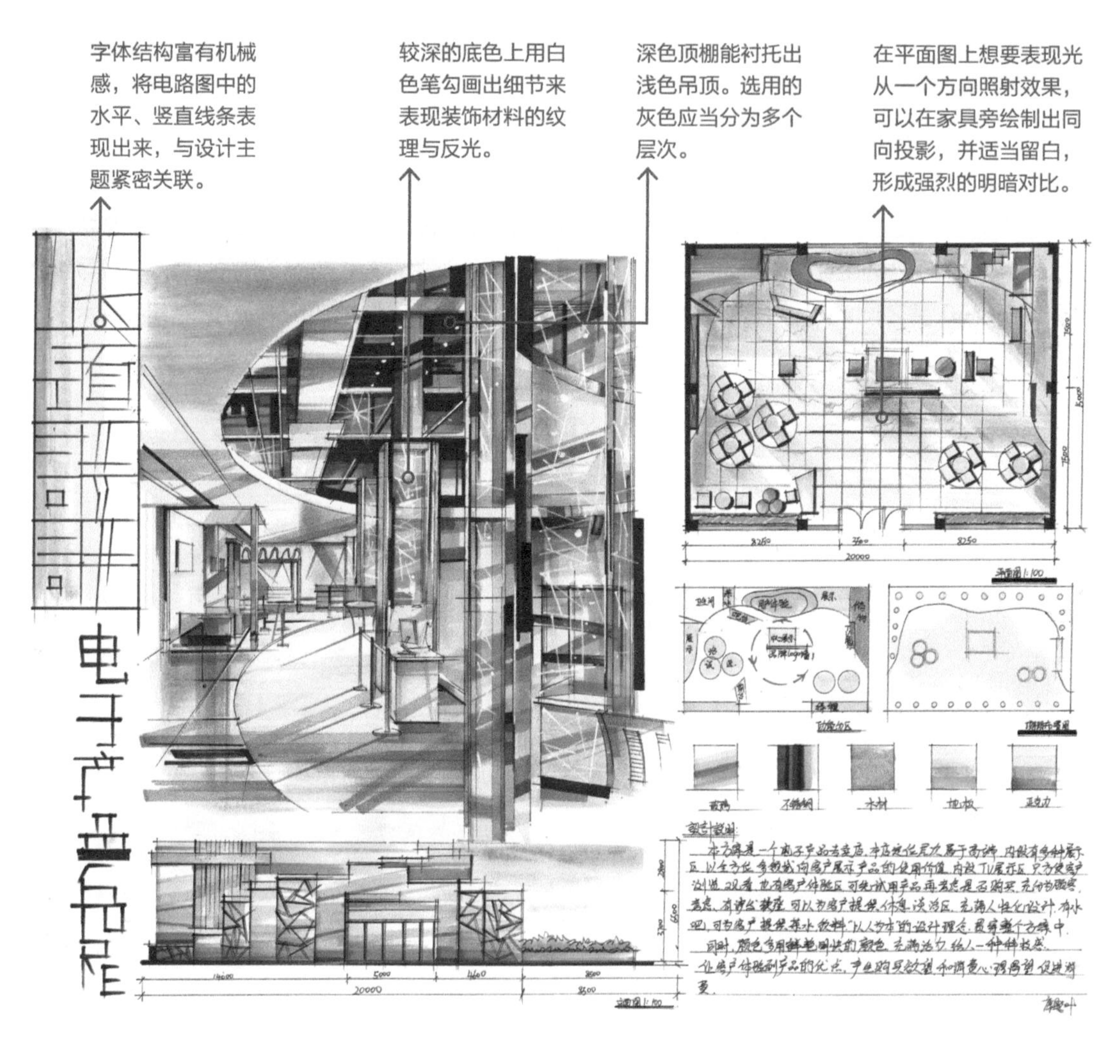

图 4-11 快题设计电子产品专卖店（康题叶）

↑原设计说明：

本方案是电子产品专卖店，本店定位层次属于高端，内设有多种展示区，以全方位多领域向客户展示产品的使用价值。内设 TV 展示区，方便客户浏览；有客户体验区，可先在此试用产品再考虑是否购买，充分为顾客考虑；有沙发软座，为客户提供休息洽谈区，充满人性化设计；有水吧，可为客户提供茶水、饮料。“以人为本”的设计理念贯穿整个方案中。同时，颜色鲜艳明快，充满活力，给人一种科技感，让客户体验到产品的优点，产生购买欲望和渴望消费的心理，从而促进消费。

新设计说明：

本电子产品专卖店的整体设计选用了弧形以及圆柱形等来作为建筑内部主要的结构形体。店内不同的结构交叉稳定，且所选用的材料也极具现代气息，色彩以橙色、暖黄色等为主，并穿插有蓝色和紫色，这些鲜艳、明快的色彩可以很好地表现出电子专卖店的科技感。

此外，本电子产品专卖店内不仅设置有多种展示区，还有充满人性化设计的水吧和休闲洽谈区，其中的 TV 展示区专用于客户浏览，客户体验区则专用于客户试用产品等，这些展示区能够全方位多领域地向客户展示产品的使用价值。本电子产品专卖店适用于高端层次的用户，在未来，将会有更多的高科技展区，店内布局也会更具时尚感。

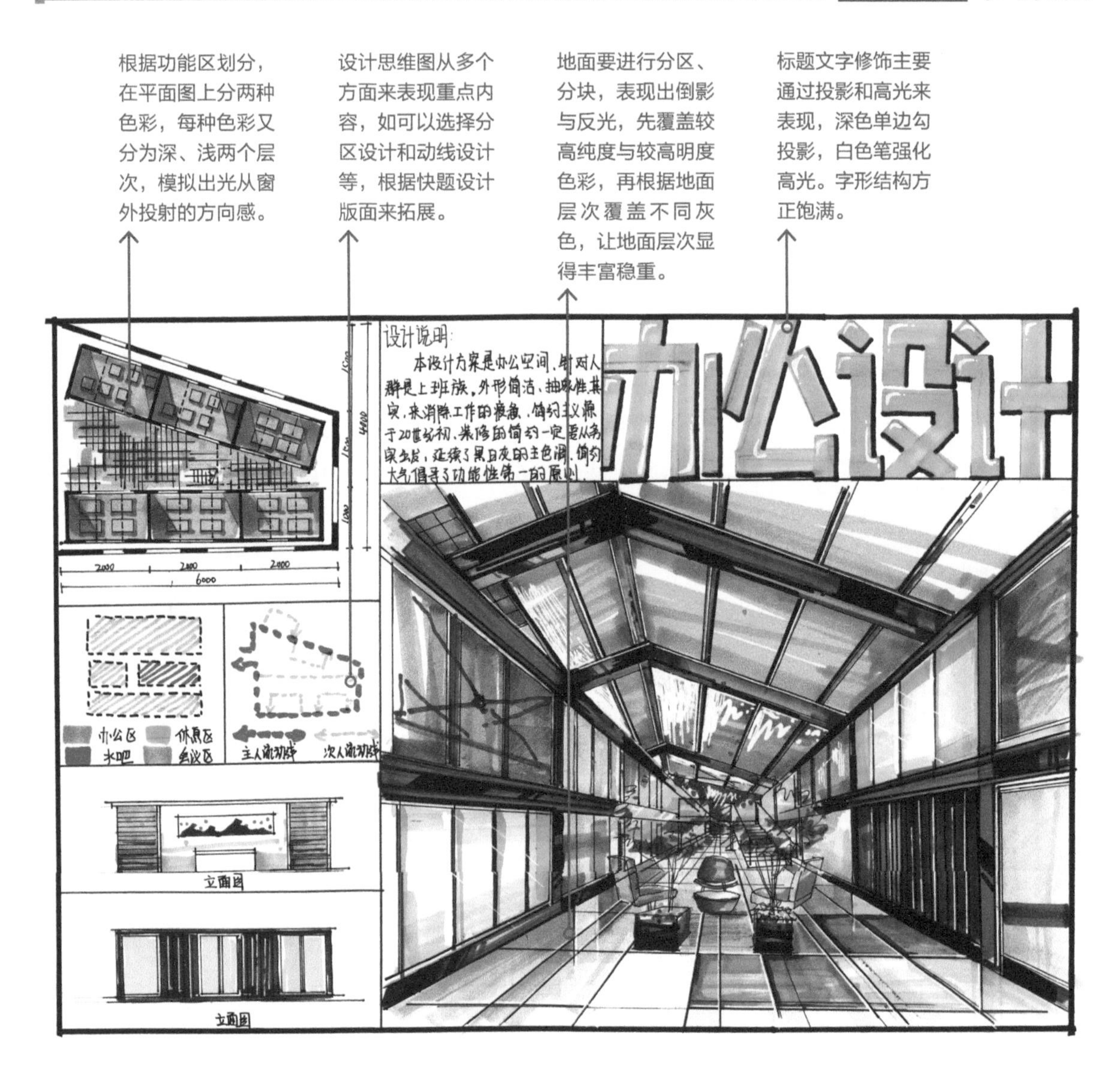

图 4-12　快题设计办公空间设计（赵银洁）

↑原设计说明：

本设计方案是办公空间，针对人群是上班族，外形简洁，抽象性，真实，能消除工作的疲惫。简约主义源于 20 世纪初，装修的简约一定要从务实出发，延续了黑白灰的主色调，简约大气倡导了功能性第一的原则。

新设计说明：

1. 形体创意。本办公空间的整体设计遵循了简约主义的设计原理，所设计的内容具有一定的务实性。办公空间的顶部造型简单但又富有创意，能够很好地表现出办公空间的现代感。

2. 色彩材质。本办公空间主打色调为黑白灰，既简约又大气，地面选用了色彩明艳但不刺眼的大理石瓷砖装饰，两侧墙面均设置有大面积的玻璃窗，空间内通风和光照条件都十分不错。

3. 使用功能。该办公空间内部分区明确，包括办公区、休息区、会议区以及水吧等功能区域。空间内家具和绿植布局合理，行走通道也十分通畅。

4. 适用群体。本办公空间设计外形简洁、真实，且具有一定的抽象性，空间内色彩和布局等能够很好地消除工作时的疲惫，适用于朝九晚五的上班族。

5. 未来发展。未来的办公空间会更具舒适性，对空间内部布局以及色彩搭配的要求也会更高，同时也会更多地注重于人的精神需求。

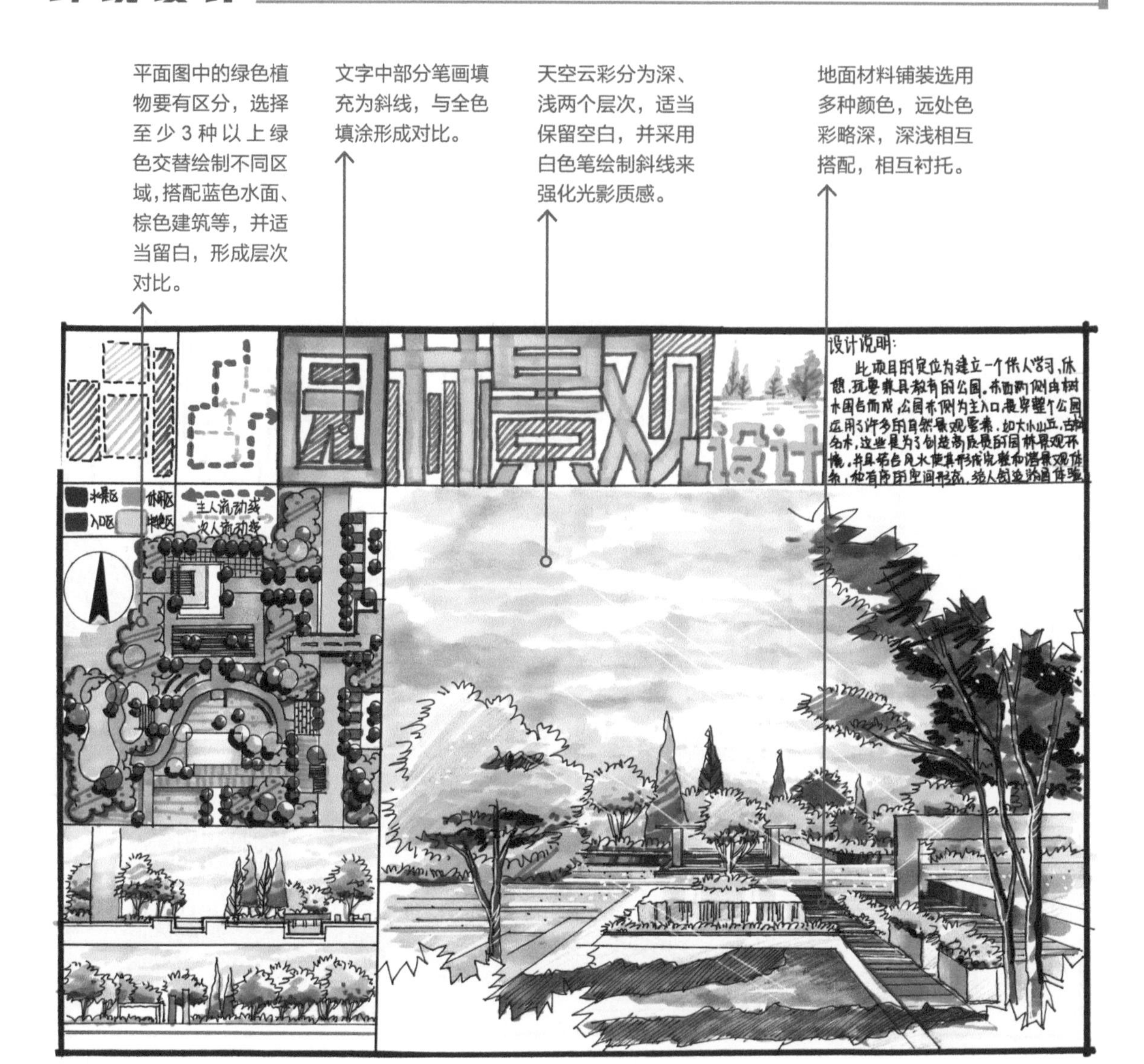

图 4-13　快题设计园林景观设计（赵银洁）

↑原设计说明：

本项目的定位为建立一个供人学习、休憩、玩耍兼具教育的公园。东西两侧由树木围合而成，公园东侧为主入口，贯穿整个公园，运用了许多的自然景观要素，如大小山丘，古树名木，这些是为了创造高质量的园林景观环境，并且结合风水使其形成完整和谐的景观体系，和有序的空间形态，给人舒适的游园体验。

新设计说明：

1. 形体创意。本设计方案为山清水秀的公园景观设计，整个设计东西两侧均由树木围合而成。公园东侧为主要的入口，该入口贯穿了整个公园，同时整个公园中还运用了大小山丘、古树及名木等自然景观要素，并结合风水设计使整个公园形成一个完整、和谐的景观体系，能够很好地营造出一个有序的空间形态。

2. 色彩材质。本设计中的绿植排列有序，园区内的景观构筑物造型简单但又富有现代气息，色彩鲜亮、明快，彼此自成一体，且周边环境色彩与景观构筑物色彩也能相互融合。

3. 使用功能。该公园能够为公众提供一个学习、休憩、游玩、观赏、娱乐以及教育的场所，公园内的水景、建筑小品都能给予公众美的享受。

4. 适用群体。本公园绿地开阔，环境舒适，很适合度假、养老的群体，也可作为亲子活动或周末休闲活动的场所。

5. 未来发展。未来公园的设计将更注重人性化的体现，公园内部绿化也会更科学化。

第5章 单图表现步骤解析

学习难度： ★★★☆☆

重点概念： 绘制步骤、细节处理、对比

章节导读： 效果图是快题设计的主要内容，占据版面面积较大。本章由浅入深地讲解不同空间单幅效果图的表现方法，标注出绘制细节，通过讲解每一步的运笔技巧以及整体的色彩搭配等，来深入探讨效果图的精髓。此外，本章还介绍优秀的空间手绘效果图，从而归纳出单幅效果图表现的技法要点，指导快题设计创作。

5.1 单幅效果图表现步骤

有逻辑、有条理地进行单幅效果图的绘制，在二维图纸上清晰展示出三维空间的设计特色，这要求绘图者必须具备良好的观察能力和足够的耐心。

5.1.1 住宅客厅效果图

绘制时要明确墙面的主次关系，墙面与地面的投影关系等，注意掌握好顶面着色技巧，避免出现着色过多、过脏的现象（图 5-1）。

对画面近处陈设品和家具的细致描绘可以很好地平衡整个空间的构图关系。

简单的线条也能很好地表现出沙发的蓬松感，且能与直线形成对比。

顶部灯具位于视觉中心处，它能平衡画面重心，需要用心刻画。

电视背景墙是客厅的点睛之处，需要细致地刻画其造型。

a）参考图片

b）步骤一：线稿绘制

基层着色要顺应结构，运笔要自然。

远处空间着色时要将相邻的两面墙体区分开来。

明确背景墙的明暗关系，再着色。

c）步骤二：基础着色

暗部区域覆盖叠色时应在整体范围运笔。

顶部靠近画面边缘的部分可不着色或着淡色。

较深的区域着色时应逐层加深。

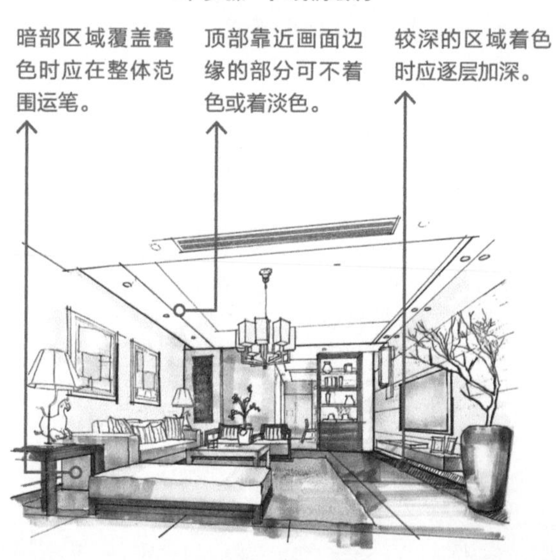

d）步骤三：叠加着色

e）步骤四：深入刻画细节

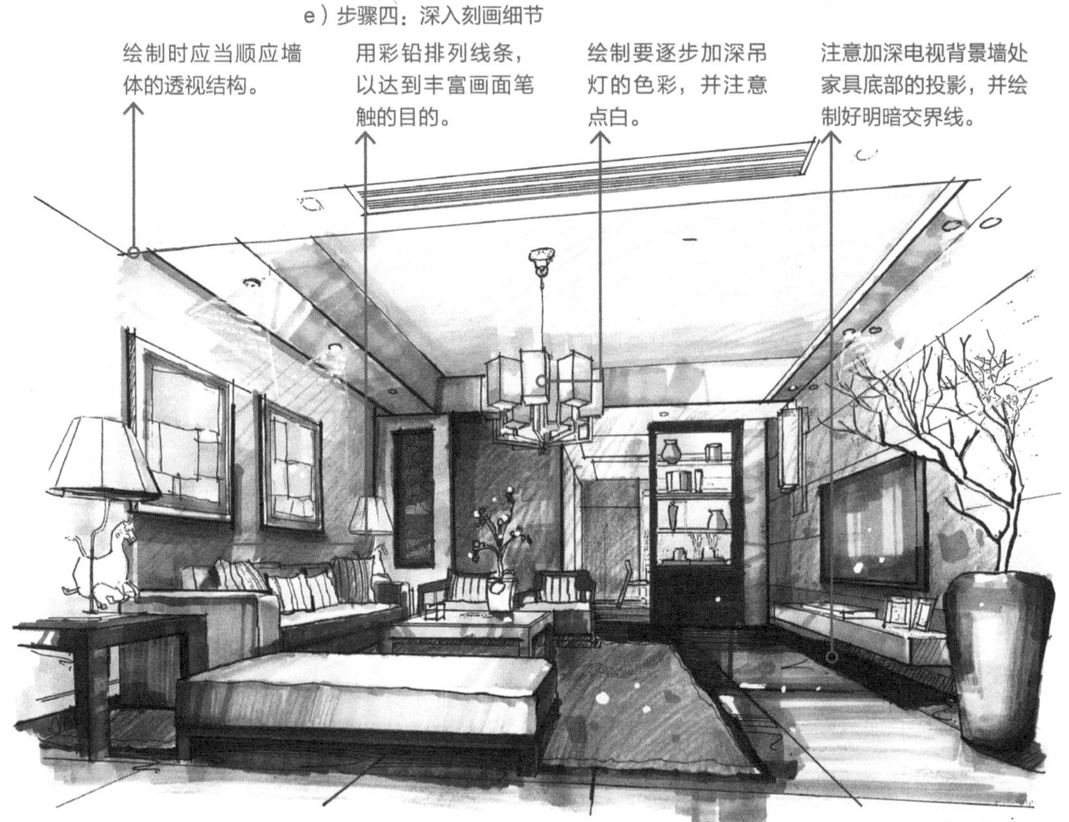

f）步骤五：强化并对比

图 5-1　住宅客厅效果图（程子莹）

↑住宅客厅效果图的绘制重在表现多个界面的主次关系，绘制时要强调家具的细节。首先，应当依据参考图片绘制出住宅客厅的线稿图，线稿中对主体对象的描绘应当尽量丰富；然后，便可开始着色，需快速确定好画面中色彩的种类及位置，一般深色的地面与阴影结合能很好地衬托出色彩较浅的沙发；接着，可对沙发和电视背景墙深入着色，注意墙面的色彩浓度与笔触不可超过家具，这样会使画面失衡；最后，对住宅空间内的局部投影进行强化，可用涂改液对电视与灯具做点白处理，这样画面的视觉效果会更好。

5.1.2　办公空间效果图

绘制时要区分好墙面和地面，并避免重复着色，必要时可选用比较单一的色彩来绘制面积较大的区域，这样也能加快绘制进度，对绘制效果也不会有太大的影响，但绘制大面积区域时仍需注意着色的层次和笔触（图 5-2）。

近处家具的造型应细致绘制，一般可用自然的线条来表现曲面造型。

直线形家具建议用尺辅助绘制，它能很好地表现空间透视的准确度。

为了能营造一个舒适的办公氛围，办公空间的顶部造型一般比较简单，因此，绘制时不可过于复杂。

墙面装饰中的纹理应当重点绘制，这是绘制的点睛之笔。

a）参考图片

b）步骤一：线稿绘制

墙面色彩要与地面色彩有所区分，这样空间形态才会更立体。

所绘制的墙面应当有深色墙面和浅色墙面，这符合两点透视的原理，注意应从墙角开始由深入浅地着色。

地面着色时，运笔的方向应当顺应透视的方向，且在靠近画面边缘末端时运笔更要整齐。

对装饰造型部分进行有序的叠加着色，能够丰富画面层次，同时也能强化画面的视觉效果。

墙面与墙面，墙面与顶面之间进行叠加着色时要注重色彩的选择，并应当强化这两个界面之间的对比。

对地面进行有序的叠加着色同样可以丰富画面的层次感。

c）步骤二：基础着色

d）步骤三：叠加着色

顶面色彩不需要太深，按照由远及近少量绘制便可。

明确座椅的受光面，此处受光面为座椅的靠背面，绘制时要重点刻画其过渡界面并控制好暗部的色彩浓度。

台柜装饰画周边做加深处理，能够很好地突显装饰画。

绘制此处工作桌时运笔应当紧贴桌面边缘，并从下至上慢慢加深色彩，运笔要求比较自然。

e）步骤四：深入刻画细节

此处可运用涂改液和深蓝色将窗户反光折射的高光与反光效果形象地绘制出来。

台灯的绘制可选用深色来衬托浅色，这样台灯形象会更立体。

绘制地面时应当强调家具在地面形成的阴影，并善用笔触来提高画面色彩的对比度。

柜体之间可用彩色铅笔进行覆盖，这样在色彩和笔触上也能有所区分。

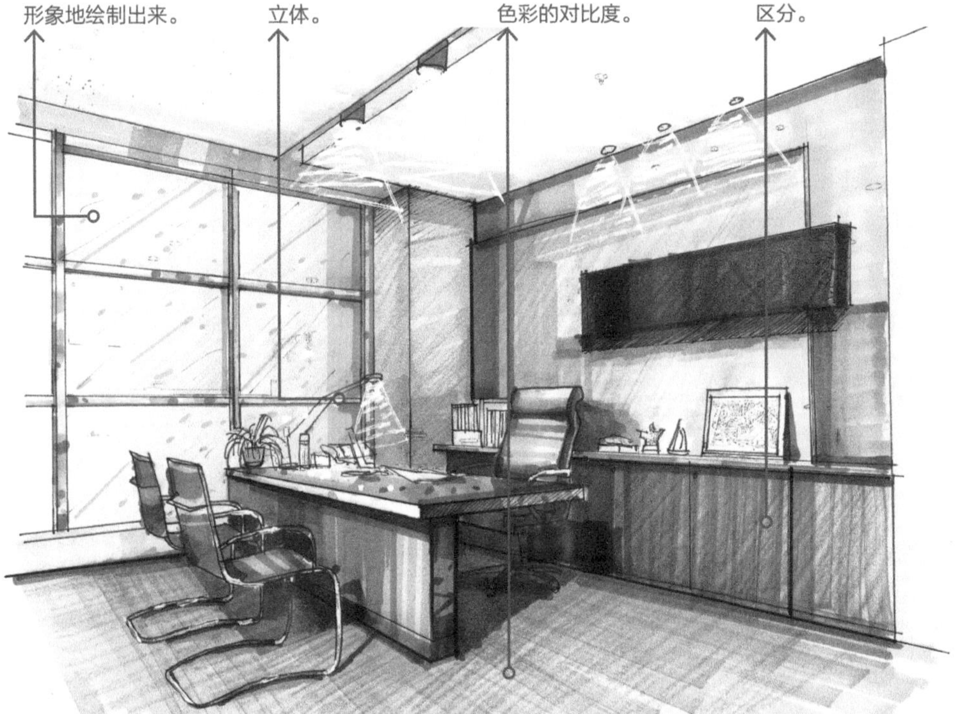

f）步骤五：强化并对比

图 5-2 办公空间效果图（程子莹）

↑办公空间效果图的绘制要求能够将复杂的两点透视简单化。首先，应当依据参考图片绘制出办公空间的线稿，线稿中要对主体对象、远近家具等进行细致的刻画；然后，开始着色，注意墙面、地面的色彩要有所区分，并能与家具的色彩相搭配；接着，可开始逐步地绘制家具细节与陈设品，可利用深色来衬托浅色；最后，强化画面效果，可通过短横笔和点笔来丰富画面的内容，注意对地面阴影的深化，可利用彩色铅笔排列线条来统一画面的最终效果。

5.1.3 酒店大堂效果图

酒店大堂效果图的绘制要注重主要墙面造型及色彩等的塑造，同时绘制也需遵守空间透视的原理，必要时可利用深色来衬托浅色，也可利用浅色来映衬深色（图 5-3）。

a）参考图片

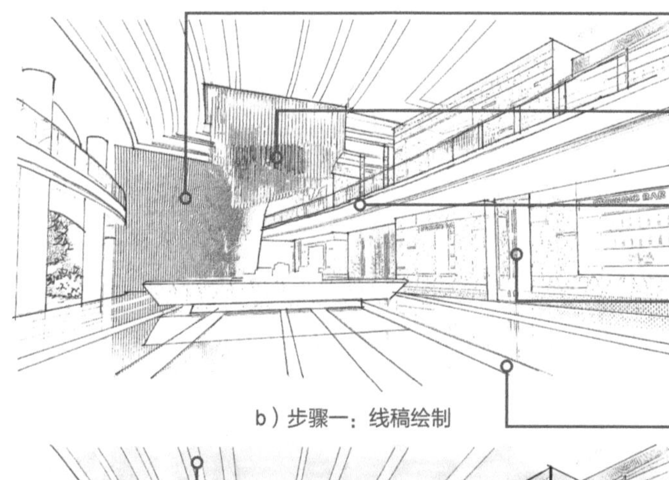

画面中心处的装饰画绘制时应当主次分明，这样也方便着色。

绘制时要注重灯具形态的塑造，并处理好与弧形建筑形态之间的呼应关系。

绘制要保持线条的方向性，弧线可用慢线绘制，注意主要结构绘制时需加粗。

纵向垂直的结构需要辅助直尺来绘制，这样也能展示出酒店大堂的恢宏与大气，但需注意比例的准确性。

地面绘制要符合透视原理，并注意表现出空间的纵深感。

b）步骤一：线稿绘制

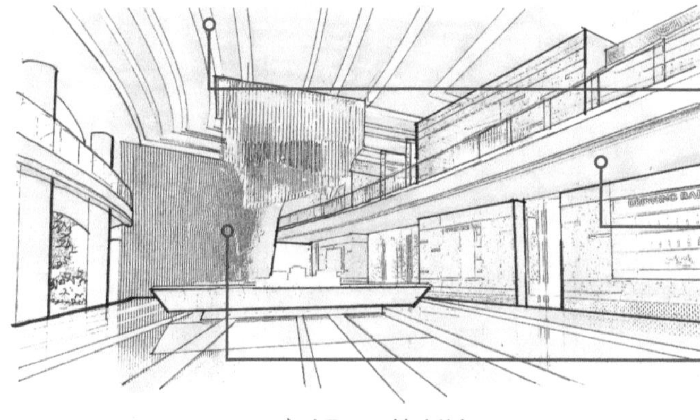

绘制时要区分好吊顶的色彩关系，要突显出吊顶的层级关系，这里可选用浓度和明度不同的黄色来进行着色。

酒店大堂二层底部结构在着色时应当注重色彩的统一性，运笔也应具备一定的有序性。

绘制主体造型时运笔可比较随意，但所绘制的线条必须在规定的界限内，这样整体画面才会比较整洁。

c）步骤二：基础着色

为了加深吊顶的立体感，在绘制时还需逐步加深吊顶的色彩，注意叠加色彩的匹配性。

此处叠加着色能够衬托酒店大堂内墙面造型处的灯光着色范围，这也能增强画面的和谐感。

绘制侧光面时要注意明暗过渡的细节变化，并从色彩上加以改变。

d）步骤三：叠加着色

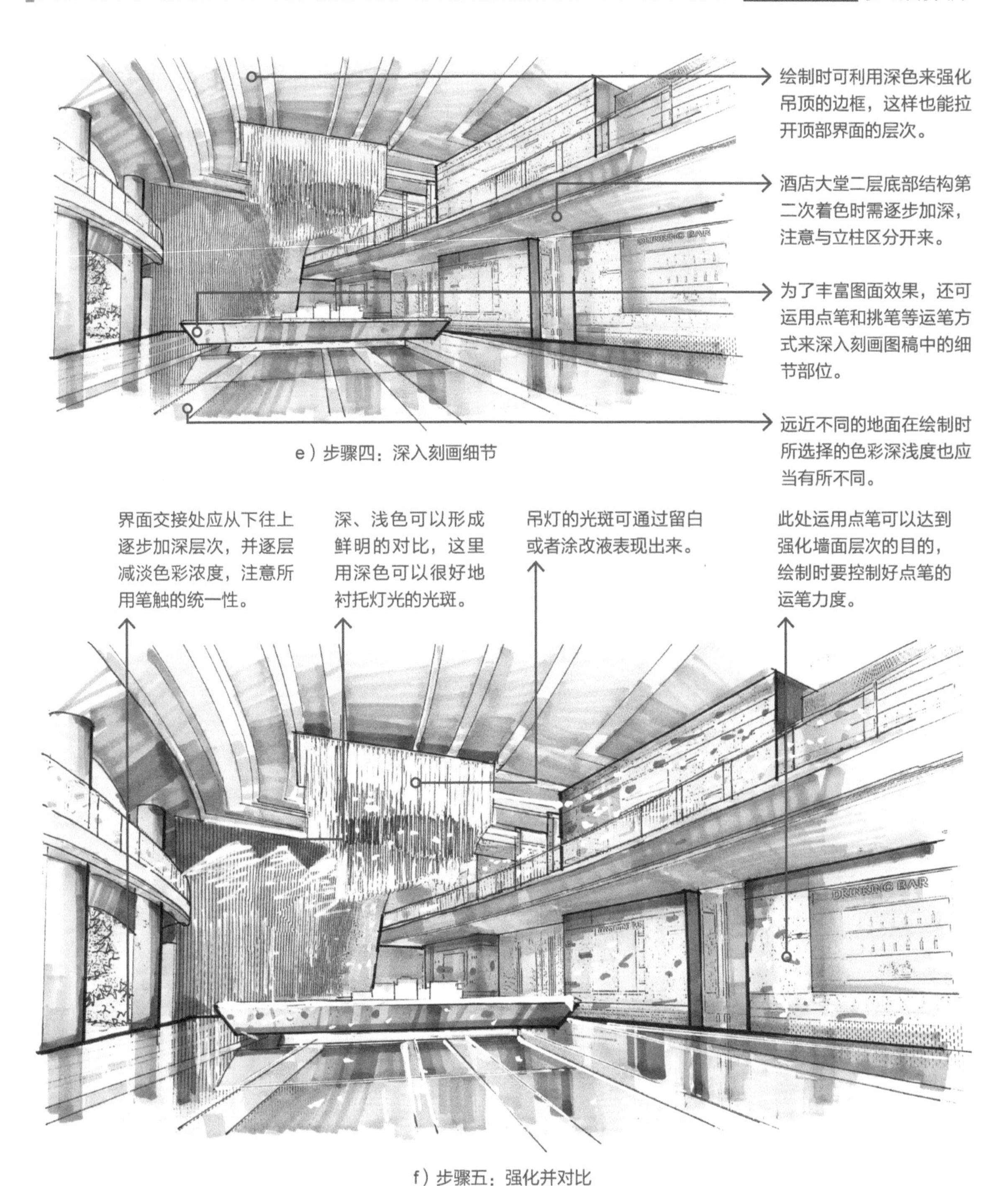

e）步骤四：深入刻画细节

f）步骤五：强化并对比

图 5-3 酒店大堂效果图（程子莹）

↑酒店大堂效果图绘制的重点在于要表现出结构或造型比较复杂的背景墙的设计特色，同时还需表现出空间的纵深感。首先，应当依据参考图片绘制出酒店大堂的线稿，线稿绘制要求精准地表现出主体对象中背景墙的造型特色；然后，开始着色，所选择的颜色不可过于复杂，既要丰富但又不能相互矛盾，要能够比较准确地确定主要墙面及地面等所选用的色块的分布位置和色彩浓度；接着，需要比较深入地刻画主体对象中背景墙的设计细节，并能对左右两侧的墙面与构造的投影进行简单的绘制；最后，再次细致地刻画背景墙上的体块，并注意处理好深色外围墙面与中央浮雕墙面之间的衬托关系以及背景墙从下向上逐渐变浅的色彩表现等。

5.1.4 博物馆内部效果图

博物馆属于展示陈列空间，绘制时需要细致地刻画展区内各项物体的造型特色，明确空间内物体远近虚实的变化，并能选择一个比较好的取景角度（图 5-4）。

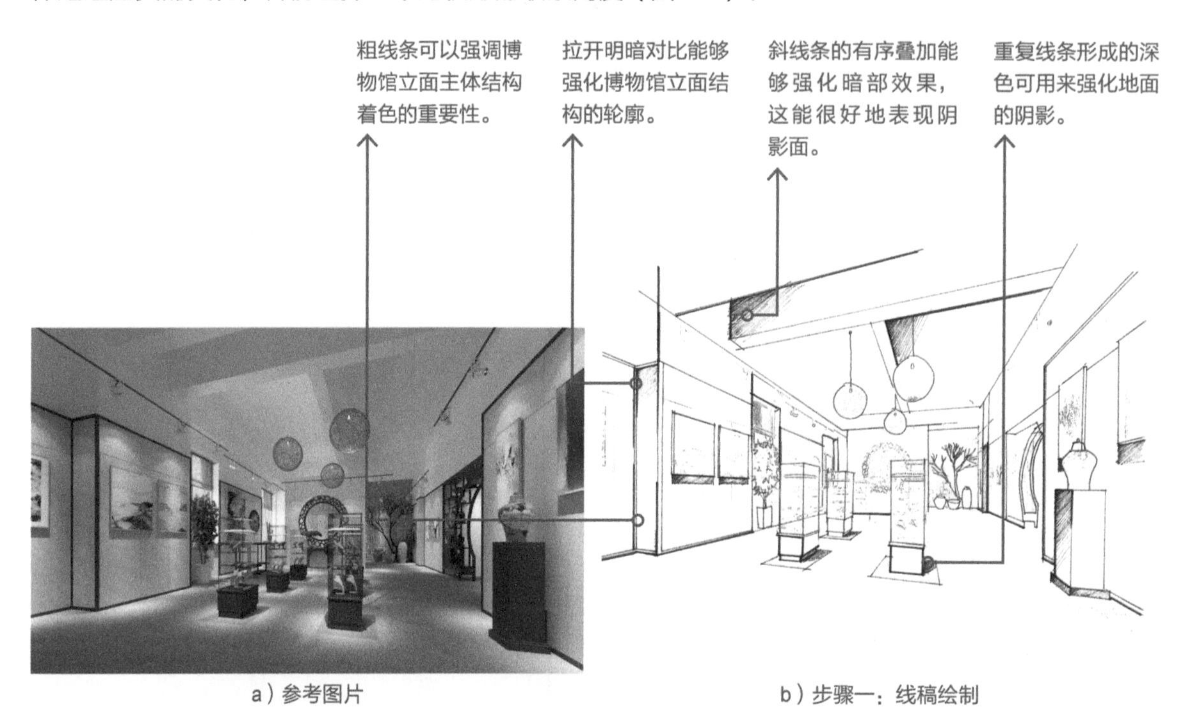

a）参考图片

b）步骤一：线稿绘制

墙面填涂时要注意展品周边墙面色彩的统一性和完整性，运笔需自然。

吊顶着色时运笔应当更简练和更挺括，这样也能突显出吊顶设计的特点。

地面色彩的选择要与博物馆主体色彩相匹配，在室内灯光照射下地面色彩多以黄色为主。

墙面装饰画着色时应当分区域绘制，这样层次感会比较强。

可叠加多种暖灰色，以作墙面底色。

外深内浅的色彩结构能够很好地突显出中央展柜的造型特色。

利用深色可以很好地强化博物馆内展台暗部的色彩。

c）步骤二：基础着色

d）步骤三：叠加着色

e）步骤四：深入刻画细节

f）步骤五：强化并对比

图 5-4　博物馆内部效果图（程子莹）

↑博物馆内部效果图的绘制重点在于详细地刻画博物馆墙面的展示造型。首先，应当依据参考图片绘制出该部分展区的线稿，注意墙面形体与透视的准确性，并强化投影；然后，开始着色，着色之前要确定好主体颜色与阴影颜色，并利用叠色的方式来有序地加深暗部与阴影色彩；接着，在顺应博物馆展区内部空间形体结构的前提条件下，逐步地深入刻画墙面背景色彩；最后，增添高光或点白，并利用彩色铅笔绘制排列有序的线条，以达到统一画面关系的目的。

5.1.5 水体景观效果图

水体景观效果图的绘制要注重水体反光与高光等的细节刻画，要合理运用色彩，并明确深色与浅色之间的衬托关系，以便获取更具视觉美感的水体景观效果图（图 5-5）。

a）参考图片

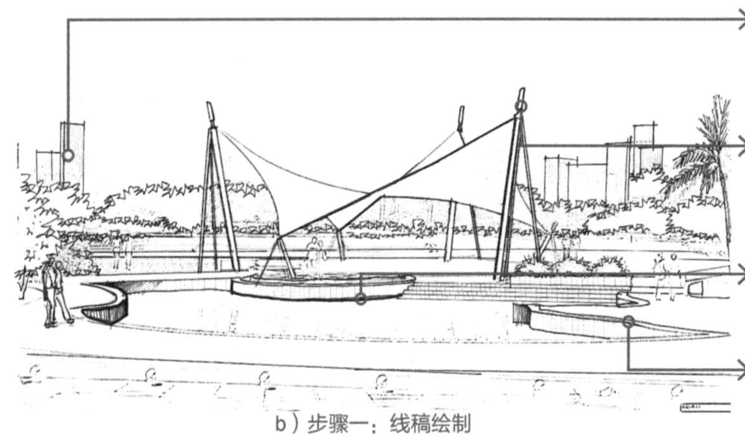

远处的建筑需使用直尺辅助绘制，这不仅能突显建筑的挺拔感，同时也能平衡整体构图。

此处景观构造的主要支撑构件可使用直尺辅助绘制，但张拉膜结构则需使用曲线尺辅助绘制。

可用笔触较粗的绘图笔来绘制台檐底部与水面的交界线。

结构稍显复杂的台檐结构应当选用双线或三线绘制，这样所构成的造型才会更具稳定性。

b）步骤一：线稿绘制

远离视觉中心的建筑选用浅色调，一般平涂即可。

位于画面中间部位的绿化区选择以浅绿色平涂，这种形式比较符合着色需要。

此处地面和台阶位于画面的中景区，绘制时选用浅灰暖色调平涂即可。

水面同样选择浅蓝色平涂即可，这样画面的整体色彩也会比较均衡。

c）步骤二：基础着色

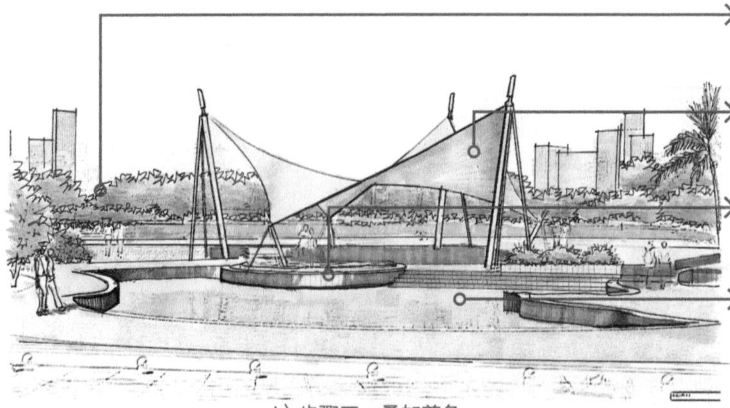

加深绿化暗部的色彩，并能够表现出绿化区的体积感。

此处张拉膜结构可选用暖黄色与土黄色叠加平涂，注意绘制好高光与反光。

弧形台檐的左右两侧应当逐步叠加着色，中心位置处则可适当留白。

可在水面再叠加一层蓝色，这样水面的视觉效果会更好。

d）步骤三：叠加着色

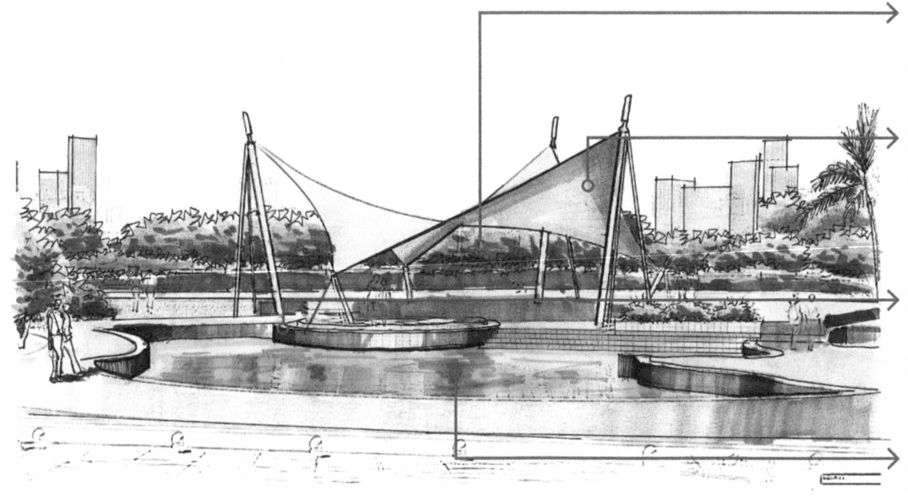

中景绿化带同样需要重点刻画，绘制时要保证受光面不着色。

张拉膜结构处的明暗交界线需要重点刻画，绘制时需加深阴影色彩并加粗明暗交界线。

通过加深弧形台檐左右两侧的色彩，从而达到强化弧形台檐两侧暗部的目的。

所绘制的水面倒影具备一定的形态，且可通过色彩较深的蓝色来深入刻画水面倒影的细节部位。

e）步骤四：深入刻画细节

张拉膜结构在地面上形成的投影应当有所加深，可选用深暖灰色进行色彩的叠加覆盖，这样也能强化阴影的视觉效果。

中景区域内的绿化带拥有不同的色彩，绘制其暗部时应当持续加深色彩，并能表现出该绿化带的体积感。

使用涂改液可以很好地表现出水面波光粼粼的视觉效果。

可选用浅蓝色的马克笔自由地绘制天空，不同笔触之间应当能够相互融合和渗透。

f）步骤五：强化并对比

图 5-5　水体景观效果图（程子莹）

↑水体景观效果图所要表现的对象构造相对比较简单，绘制重点在于景观构造的细节刻画以及水面倒影的深入刻画。首先，应当依据参考图片绘制出水体景观的线稿，线稿中应当尽量表现主体对象的特点；然后，开始着色，注意画面中大块色彩定位的准确性，在绘制时可利用深色的湿地来衬托出较浅的地砖与基座；接着，对周边环境着色，一般周边环境的色彩浓度与笔触不可超过主题对象的色彩浓度和笔触；最后，运用涂改液将水流与倒影做点白处理，并对画面中的局部深色做进一步加深处理。

5.1.6 建筑景观效果图

建筑景观效果图的绘制要分清主次，为了丰富画面的视觉效果，可重点绘制几处细节，绘制时还需重点表现出地面的层次感以及地面与天空之间的衬托关系等（图 5-6）。

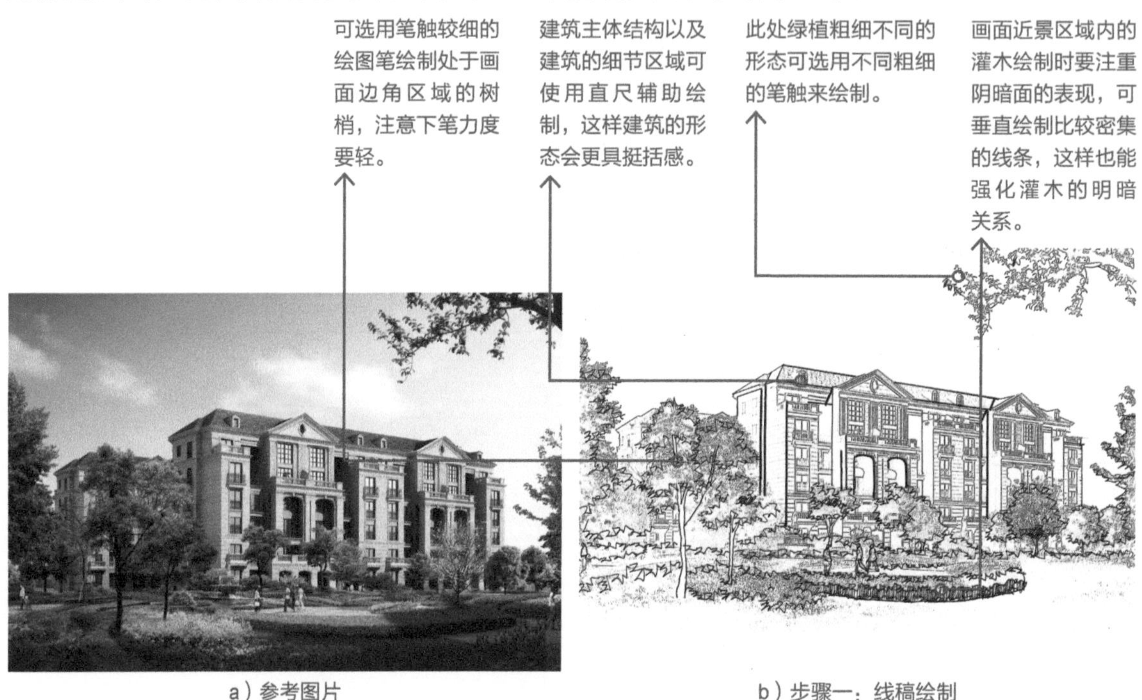

a）参考图片　　b）步骤一：线稿绘制

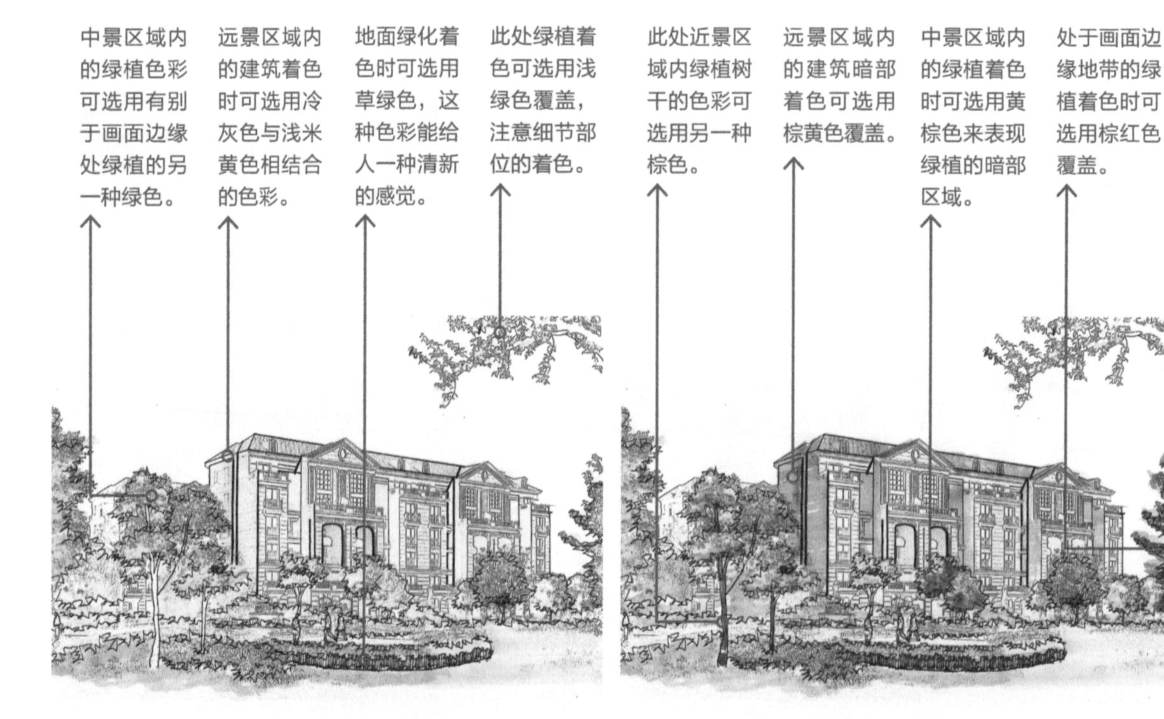

c）步骤二：基础着色　　d）步骤三：叠加着色

绘制树梢细节时可选用深绿色来强化树梢暗部的特点。

绘制时需注意，处于画面边缘地带的绿植所选用的色彩必须区别与画面中心的绿植的色彩。

绘制时还需注意，同一栋建筑所产生的暗部区域以及投影区域等都需要不断加深。

处于画面中心区域的绿植可选用多种色彩来表现其特色，但绘制时要注意色彩是否搭配。

e）步骤四：深入刻画细节

天空云彩的形态特征可使用蓝色彩铅绘制，排列有序的斜线条能够很好地表现出天空云彩的特点。

可以用灰色来填补绿植的间隙，这种形式也能加深远景的朦胧美。

在后期绘制阶段，需要进一步加深近景区域内灌木的暗部层次，这也能与主体建筑的阴暗面相互呼应。

f）步骤五：强化并对比

图 5-6　建筑景观效果图（程子莹）

↑建筑景观效果图绘制重点在于如何展示建筑的纵深感。首先，应当依据参考图片绘制出建筑景观的线稿，在线稿中要精确地绘制出建筑的轮廓，绘制要符合透视原理，且建筑周边的绿地也应当细致地绘制；然后，开始着色，分清主次，要确定好建筑的主体颜色与阴影颜色，并逐步加深建筑暗部与阴影色彩；接着，按照顺序逐一绘制地面场景及远处的绿地，所绘制的场景需逐层加深，且加深后的远处绿地要求能够衬托出建筑的形态特征；最后，要把握好近处场景与远处场景之间的虚实关系，可选用彩铅来绘制排列有序的线条，这些线条要求能够很好地突显建筑表面的质地。

5.1.7 屋顶景观效果图

绘制时要分清主次，要避免喧宾夺主，画面的虚实变化也应当绘制准确（图 5-7）。

此处遮阳伞的轮廓可使用直尺辅助绘制，绘制要表现出伞体的形态。

处于画面边缘地带的树梢可选用曲线和直线来绘制，绘制重在暗部的表现。

家具处于画面的中心，在绘制时一定要遵守透视原则。

地面铺装材料的绘制要符合透视原理，同时还要能表现出画面的重量感和体积感，注意画面远处绘制的横线可不用过于密集。

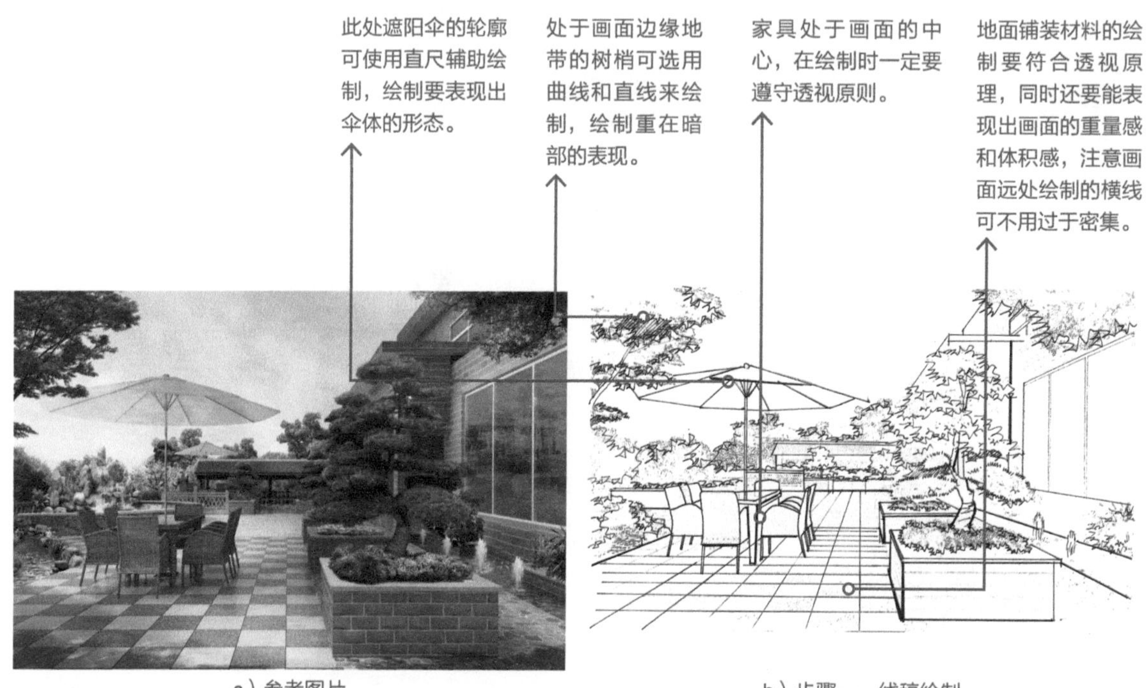

a）参考图片　　b）步骤一：线稿绘制

画面边缘处的绿植选用浅绿色平涂即可。

遮阳伞伞面区域选用浅蓝色平涂即可。

位于画面中心的家具着色时可选用两种色彩浓度不同的黄色。

墙面选用浅冷灰色平涂即可。

画面边缘处的绿植可选用以浅绿色与中绿色叠加的方式来强化树梢的暗部，涂色时可交替使用点笔和摆笔。

远离画面中心的墙面着色时可选用深灰色，深灰色可以很好地映衬出此处浅色绿化带的亮面。

为了丰富画面效果，可以选用土黄色来表现出家具和遮阳伞在地面上的阴影。

深浅有度的配色能更好地表现出花台的立体形态，此处可选用色彩较深的冷灰色来强化花台的明暗分界线。

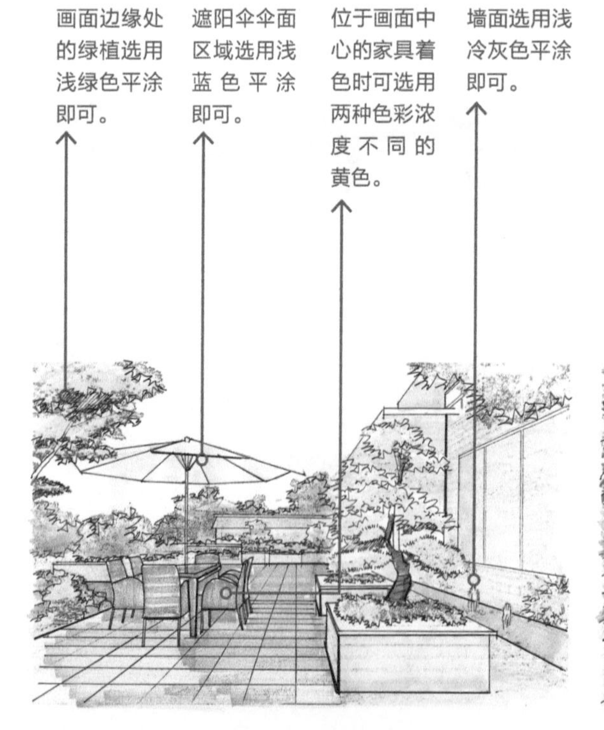

c）步骤二：基础着色

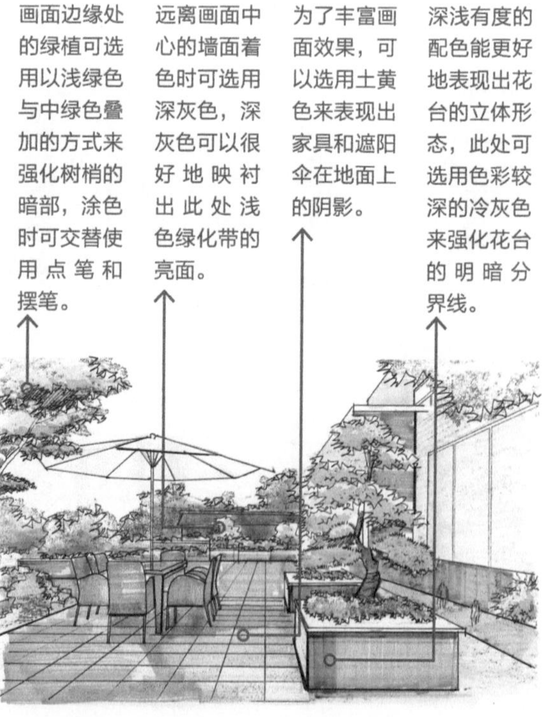

d）步骤三：叠加着色

树梢细节选用细绘图笔绘制，可在树梢暗部绘制排列有序的斜线，这种线条能强化树梢所形成的阴影，同时也能增强此处区域的明暗对比度。

树木在墙面形成的投影可选择浅绿色绘制，点笔和摆笔均可表现出投影的特点。

为了强化画面的视觉效果，可以选用深绿色来深化绿植暗部，注意部分亮部可留白不着色。

家具阴影用深棕色绘制。

e）步骤四：深入刻画细节

可使用彩铅绘制棕色的斜线条，这些线条排列有序，可以很好地丰富远处地面的层次感。

为了丰富画面中心处的视觉效果，可选用中蓝色细化遮阳伞的伞面局部。

使用彩铅绘制棕色的斜线条，丰富远处地面的层次感。

使用彩铅绘制蓝灰色的斜线条，这些线条应排列有序。

f）步骤五：强化并对比

图 5-7　屋顶景观效果图（程子莹）

↑屋顶景观效果图绘制同样需要注重构图，其重点在于将简单对称的构图复杂化和层次化。首先，应当依据参考图片绘制出屋顶景观的线稿，线稿中要精确地绘制出主体对象中央绿化植物的特点；然后，开始着色，对色彩的运用要合理化，要避免形成单调的色彩关系，可对中央灌木进行分色处理，这样着色也会比较方便；接着，逐一绘制背景与搭配植物，并深入刻画其细节，可利用深色映衬浅色；最后，做好中央乔木间隙的着色处理与留白处理，并对地面铺装分块进行绘制，绘制时可依据画面情况适度加深地面的色彩，还可利用点笔和短横笔的笔触形式来丰富整个画面的表现形式，使整个画面更平衡。

5.1.8 庭院景观效果图

庭院景观效果图的绘制应当避免重复使用单调的绿色来绘制各类植物，要在统一中有所变化，并注意绿化植物的色彩区分，以免使用色彩过多，导致出现色彩混杂的情况（图 5-8）。

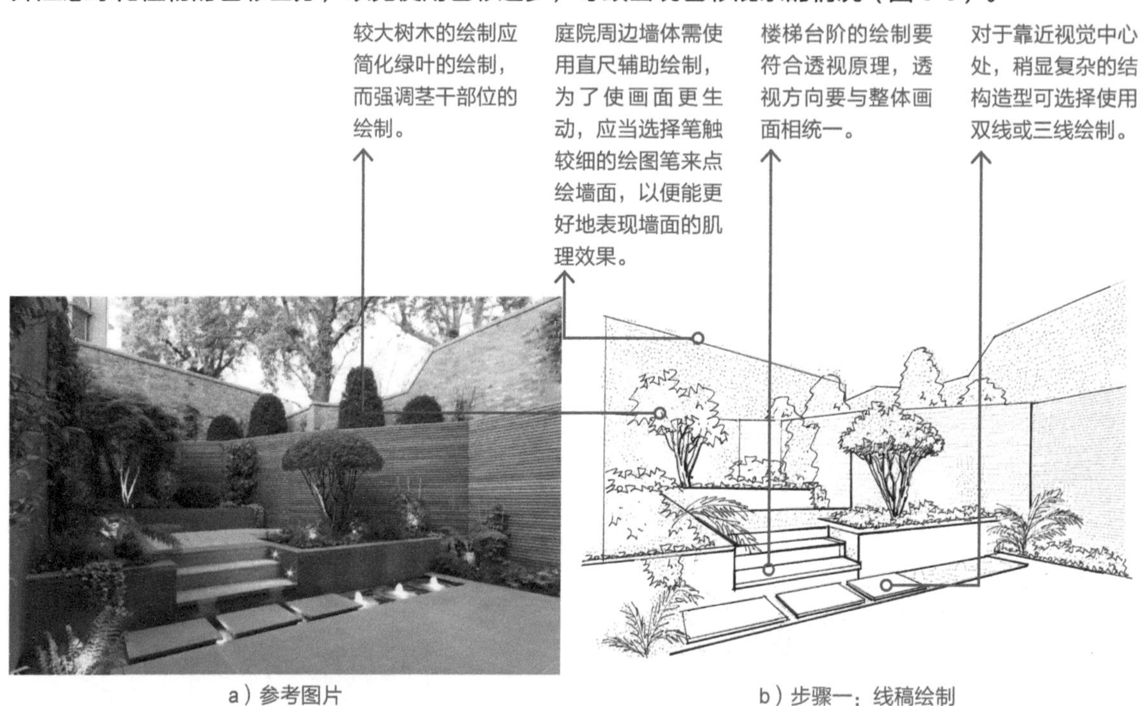

a）参考图片　　b）步骤一：线稿绘制

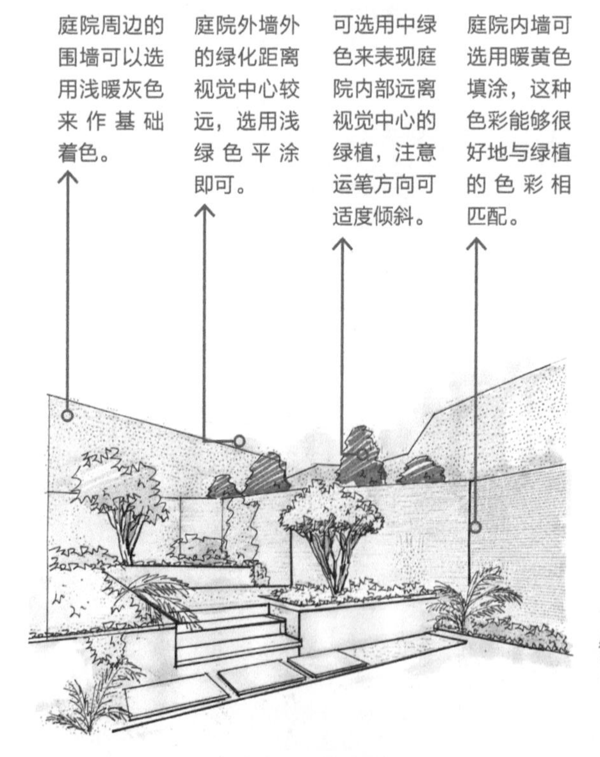

c）步骤二：基础着色

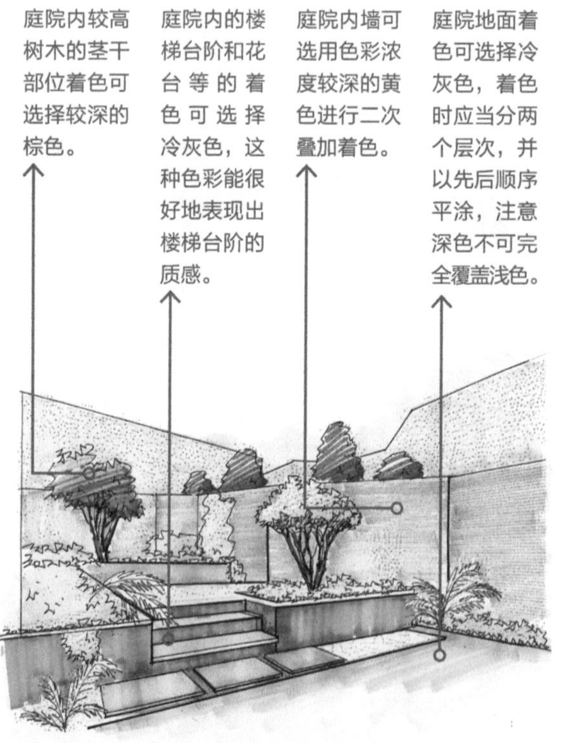

d）步骤三：叠加着色

绘制树木细节可选用深绿色以点笔的形式来丰富树木的形体结构和整体画面的层次。

庭院内墙细节深化可选用棕黄色再次进行叠色，这样也能突显阴影效果，同时也能表现出内墙界面上不同的明暗关系。

庭院台阶以及花台等的暗部可选择色彩浓度较深的冷灰色来表现。

台阶旁的水池可选择色彩浓度不同的浅蓝色交替绘制。

e）步骤四：深入刻画细节

植物在庭院墙面上形成的阴影可选用色彩浓度较深的棕色绘制。

为了丰富地面材质的肌理效果，可选用深冷灰色，并用较细的笔头来作挑笔，绘制S形曲线。

点白可以强化喷泉水景的水花效果，可通过适当地留白或使用涂改液的方式来表现。

为了强调庭院内墙材质的肌理效果，可选用较细的笔触来进行内墙着色，色彩宜选用深棕色。

f）步骤五：强化并对比

图 5-8 庭院景观效果图（程子莹）

↑庭院景观效果图的绘制重在如何将简单对称的构图复杂化和层次化以及如何搭配色彩，从而使得庭院景观更具生活化和生态化。首先，应当依据参考图片绘制出线稿，线稿中需要对主体对象中的中央绿化植物进行分层、独立及精确地绘制；然后，开始着色，着色时要避免形成单调的色彩关系，并做好中央灌木的分色处理；接着，合理调和色彩，可利用深色来衬托浅色植物，并逐一绘制背景与搭配植物；最后，对地面铺装分块进行细致绘制，并进一步加深地面色彩，可通过短横笔和点笔的笔触形式来丰富画面效果，深入绘制时还应注意做好中央乔木的间隙与留白处理。

5.2 优秀单幅作品解析

本节主要解析不同空间的手绘效果图，通过对每幅作品绘制细节的详细解读，从而更透彻地理解手绘效果图的绘制技巧，为考研打下夯实的基础。

5.2.1 室内空间效果图

室内空间效果图注重主体家具的表现，要深入细节，同时考虑围合室内空间各界面的色彩关系(图 5-9 ~ 图 5-26）。

此处深灰色可以很好地衬托出装饰画的形态特点。

沙发侧面的暗部绘制可选用深色覆盖，同时再使用绘图笔绘制排列有序的斜线条，以便能更好地强化沙发侧面的形态。

此处使用点笔和摆笔的笔触可以很好地表现出地毯的蓬松感。

图 5-9 客厅室内一角效果图（汪建成）（一）

此处墙面可选用色彩浓度较浅的颜色绘制，注意绘制时应由下至上覆盖墙面。

颜色较浅的沙发绘制时亮面可不着色，可通过浅灰色的侧面来烘托沙发的体积感。

单人座椅绘制要注重形态的塑造，此处可使用彩铅和绘图笔同步深化单人椅的暗部区域。

对地毯纹理的绘制不必过于细致，但也不可过于粗糙。

图 5-10 客厅室内一角效果图（汪建成）（二）

此处绘制要注重层次，应先绘制窗户外的云彩，然后再绘制窗户格栅形态。

此处选用浅灰色，只用简单的数笔便勾勒出台灯在墙面形成的投影，运笔顺畅。

要表现沙发椅背部的反光效果，可选用倾斜运笔的方式，在沙发椅背部形成过渡的渐变效果。

地面着色线条相对比较自由，可以很好地平衡画面重心。

图 5-11　客厅室内一角效果图（汪建成）（三）

可使用深色来表现出窗帘形态的褶皱感和体积感，注意运笔力度应当挺拔有力。

适当的留白反而能够增强画面的视觉效果，此处茶几侧面在着色时可依据所设定的光照方向的变化，选出需要留白的区域。

可使用笔触较细的交叉细线来表现浅色剑麻地毯的纹理。

图 5-12　客厅室内效果图（汪建成）

卧室是休憩的场所，一般卧室吊顶在着色时多会选择比较淡雅的色彩，着色笔触应当简化和亮化。

深色墙面与白色光斑能形成鲜明的对比，在绘制时可使用白色涂改液来表现这种对比状态，注意白色涂改液不宜过多。

此处浅色的床上用品与深色的背景墙和深色的地板能够形成鲜明的对比，画面比较平衡。

可用深色强化地板缝隙，这样也能稳定画面重心。

图 5-13　卧室室内效果图（汪建成）

深色吊顶要注重明暗结构的表现，绘制时不同的明暗结构要能相互衬托，可对其结构做体块化处理。

此处可利用白色涂改液来表现出灯光呈星状辐射的视觉效果。

绘制梁柱时应注意，一般主要形态结构上最亮的部位应当在中间偏上的区域，可利用白色涂改液表现这一特征。

强光下的地面应用浅色来表现。

图 5-14　餐厅空间室内效果图（汪建成）（一）

绘制结构复杂的吊顶时要分清主次，此处上层吊顶为建筑的结构层，选用暖灰色着色即可。

此处下层吊顶为装饰层，选用暖黄色着色，可很好地表现出餐厅所要营造的氛围，绘制时要注意强化每个结构的体积关系。

此处墙面选用了纯度较高的绿色，这种色彩能够很好地提亮空间。

餐厅座椅着色时可选用白色与浅棕色，这种对比较弱的色彩能够很好地表现出座椅的柔和感和蓬松感。

图 5-15　餐厅空间室内效果图（汪建成）（二）

远离视觉中心的墙面可使用彩铅着色。

在绘制靠近视觉中心的餐厅背景墙时选用了比较细腻的笔触，且色彩之间的过渡也很柔和。

此处地面位于背光区域，绘制时选用了分层运笔的方式，第一层笔触整齐，所选用的色彩纯度、亮度等都很饱和；第二层笔触比较干涩，所选用的色彩为深灰色，这两层结合在一起，能够与画面中的主体家具形成非常强烈的对比。

图 5-16　餐厅空间室内效果图（汪建成）（三）

该空间中大部分光源都来源于顶部吊灯，在绘制时要保证周边立柱与横梁之间明暗关系的统一性。

绘制窗户时还应考虑到窗户外天空的绘制，此处选用了淡蓝色绘制天空，并适当留白，以表现出白云的形态。

处于中景和远景范围内的家具在绘制时要保证其形体结构的清晰和完整性，可选用对比较弱的色彩进行绘制。

处于近景范围内的深色家具和浅色家具能够形成比较鲜明的对比，绘制时要注意色彩过渡的柔和性。

图 5-17　餐厅空间室内效果图（汪建成）（四）

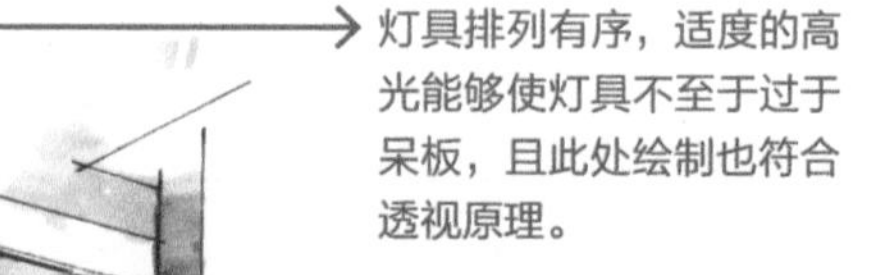

灯具排列有序，适度的高光能够使灯具不至于过于呆板，且此处绘制也符合透视原理。

此处阴影绘制时需加深，注意不同色块之间的衔接需协调。

餐椅阴影的绘制不可超出范围，要能突显出餐椅的具体形态，色彩浓度要适度，不可与椅身色彩相矛盾。

图 5-18　餐厅空间室内效果图

此处顶部结构稍显复杂，但绘制时着色仍需简单化，所选用的色彩要能表现出该吊顶的体积感。

此处玻璃建筑应先绘制整体的框架结构，然后使用各种不同纯度的蓝灰色来叠加覆盖玻璃，再使用涂改液点涂高光，丰富画面效果。

绿色地毯的柔和感可通过一些琐碎的笔触来表现。

图 5-19　商业空间室内效果图（汪建成）（一）

此处顶部结构复杂，采用先浅后深的层次着色会更能突显结构特色，可使用绘图笔勾勒出顶部结构的轮廓线，然后再使用涂改液点涂高光，以强化该顶部结构的体积感。

此处墙面选用了彩铅着色，排列有序的斜线条能够表现出墙面的纹理。

顶棚落于台柜上的投影使用直尺辅助绘制会更具画面感。

图 5-20　商业空间室内效果图（汪建成）（二）

此处顶棚结构比较复杂，所选用的色彩会比较多，绘制时注意由下往上逐渐减弱色彩的浓度。

弧形结构的楼梯位于整个画面的中心地带，绘制时要注重楼梯光影的表现，可选用冷灰色来强调楼梯在灯光照射下产生的投影。

处于地面的楼梯阴影在绘制时要注重结构形态的细节刻画，所选用的色彩可先深后浅，可选用适量的涂改液覆盖在地面，以表现出楼梯在地面产生的阴影以及阴影的明暗界面。

图 5-21　商业空间室内效果图（汪建成）（三）

此处横梁结构比较粗，使用彩铅能够很好地表现出横梁的木质纹理。

此处弧形吊灯规格较大，所选用的色彩比较素雅，能够与深色的吊顶形成鲜明的对比，且在此衬托下灯具也会显得更透亮。

墙面上的鸟瞰图内容绘制清晰，着色也很合理。

中央沙盘绘制详细，其建筑模型的结构和形态绘制都比较细致，且整体模型的明暗关系处理得也很好。

图 5-22　地产营销空间室内效果图（汪建成）

交叉线条能很好地表现出此处结构的形态特征。

此处墙面色彩由多种色彩叠加而成，绘制时应先覆盖一层浅色，再分段覆盖其他颜色。

此处沙发侧面的斜线条可使用直尺辅助绘制，这样也能增强沙发的体积感。

图 5-23　KTV 室内效果图

此处吊顶选用的色彩比较淡，且能与整体空间的色彩相统一，着色具有层次感，在马克笔的基础上还覆盖有一层彩铅绘制的线条。

落地玻璃窗位于画面边缘处，绘制时选用了大色块来表现玻璃的折射反光，并绘制了室外绿植的局部，画面很协调。

此处地面材料黑白分明，点涂的涂改液能够很好地表现出地面材料的纹理。

图 5-24　办公空间室内效果图（汪建成）（一）

此处顶面所用的深色能够很好地衬托浅色的吊顶。

LOGO 是办公空间比较重要的一部分，此处 LOGO 为白色涂改液所绘，其所在的背景墙有深有浅，能够很好地体现画面中心。

此处接待台绘制具有一定的层次感，其侧面首先是用灰色的马克笔进行局部的覆盖，然后再用彩色铅笔绘制排列有序的斜线条，这种着色方式能够很好地表现出接待台的色彩效果。

图 5-25　办公空间室内效果图（汪建成）（二）

此处主体建筑结构底色为中黄色，在其上方覆盖有一层彩铅线条，这能很好地表现此处建筑结构的体积感。

可通过深浅不一的涂色线条排列形式来表现出建筑结构的光影关系。

此处建筑结构的受光面可选用三种不同纯度的黄色绘制。

要突显光照特征，则可利用高光来与周边色彩形成比较鲜明的对比。

此处地面线条使用了直尺辅助绘制，运笔速度快且稳，果断、干脆，所形成的光斑效果利落、干净。

图 5-26 办公空间室内效果图（汪建成）（三）

5.2.2 景观空间效果图

景观空间效果图注重绿化植物之间的色彩区分，强化重点构造，以及适度表现天空云彩（图 5-27 ~图 5-39）。

图 5-27 公园景观效果图（一）

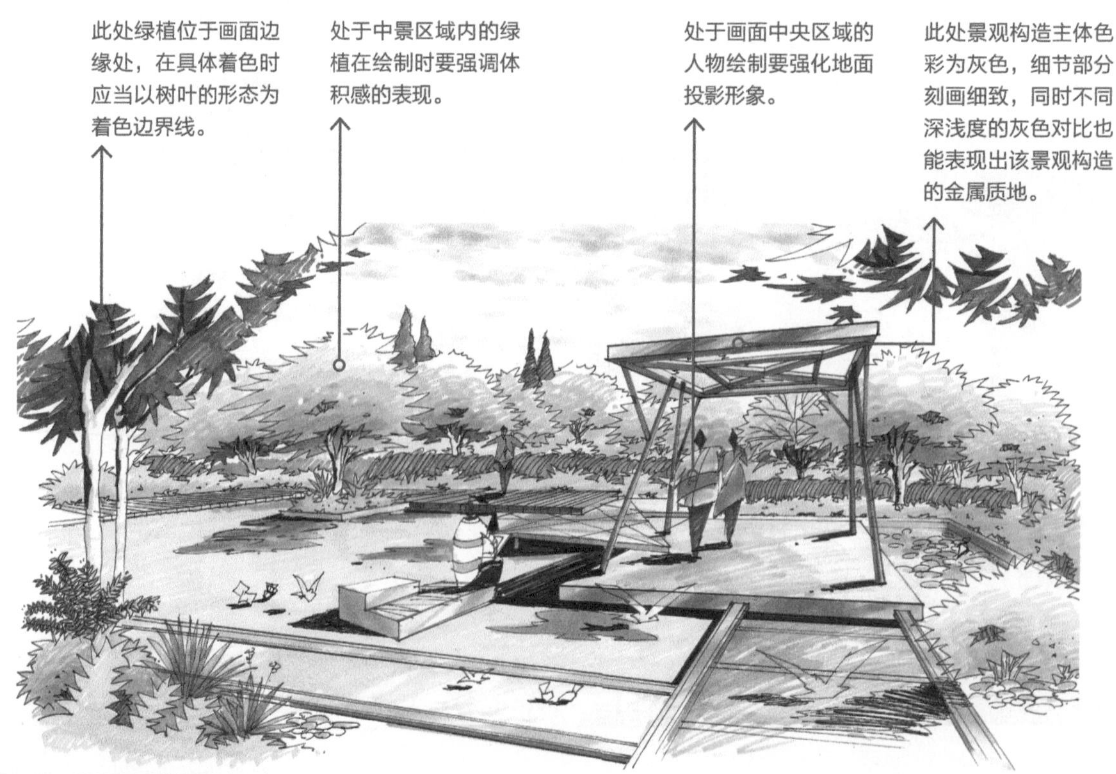

图 5-28 公园景观效果图（二）

此处近景区域内的树木处于画面边缘，其具体形态可选用点笔和散笔来表现。

此处远景区域内的树木处于画面中央，选用平铺着色的方式可以很好地表现树木的形态。

绘制建筑时要明确建筑结构的明暗面，并能通过对色彩和线条的合理运用表现出建筑的体积感。

此处水面主色为偏冷的蓝色，中间穿插有些许的紫色，绘制时使用了涂改液来表现水面的高光，这能很好地营造出水景的跌落感。

图 5-29 住宅区景观效果图（一）

处于画面中景区域的绿植要能与周边环境形成鲜明的对比，并能通过对树木形态的细致刻画以及对色彩的合理运用，增强树木的体积感。

此处天空云彩选用了多种色彩的有序叠加，能够很好地营造出夕阳美景的效果。

此处近景地面选用暖灰色覆盖，同时绘制S形线条以表现画面着色终止的效果。

此处绿植选用了中绿色着色，并使用倾斜摆笔的笔触来强化绿植的暗部区域。

图 5-30 公园景观效果图（方穗荣）（一）

绘制天空时应当在深色的基础上叠加使用涂改液，以塑造较好的光照效果。

画面远处的天空在绘制时可与绿植有机结合，选用蓝色即可表现出天空的特点。

绘制时可通过使用深浅不一的色彩和不同的运笔方式来突显景观构造自身反光材质的特点。

画面中心处的绿植在绘制时可在其亮面处适当留白，以达到能与水面反光效果统一的目的。

图 5-31　住宅区景观效果图（二）

此处山石可选用冷灰色和暖灰色叠加着色，这种色彩搭配形式能表现出山石的体积感。

此处水面底色为深蓝色，为了营造水面微风浮动的效果，可使用白色涂改液适当地点亮水面。

此处绿化选用纯度较高的黄绿色，作为画面重点表现对象绘于画面中心，以聚集观者视线。

绘制远景区域内的绿植时可选用灰绿色来表现出绿植的具体形态。

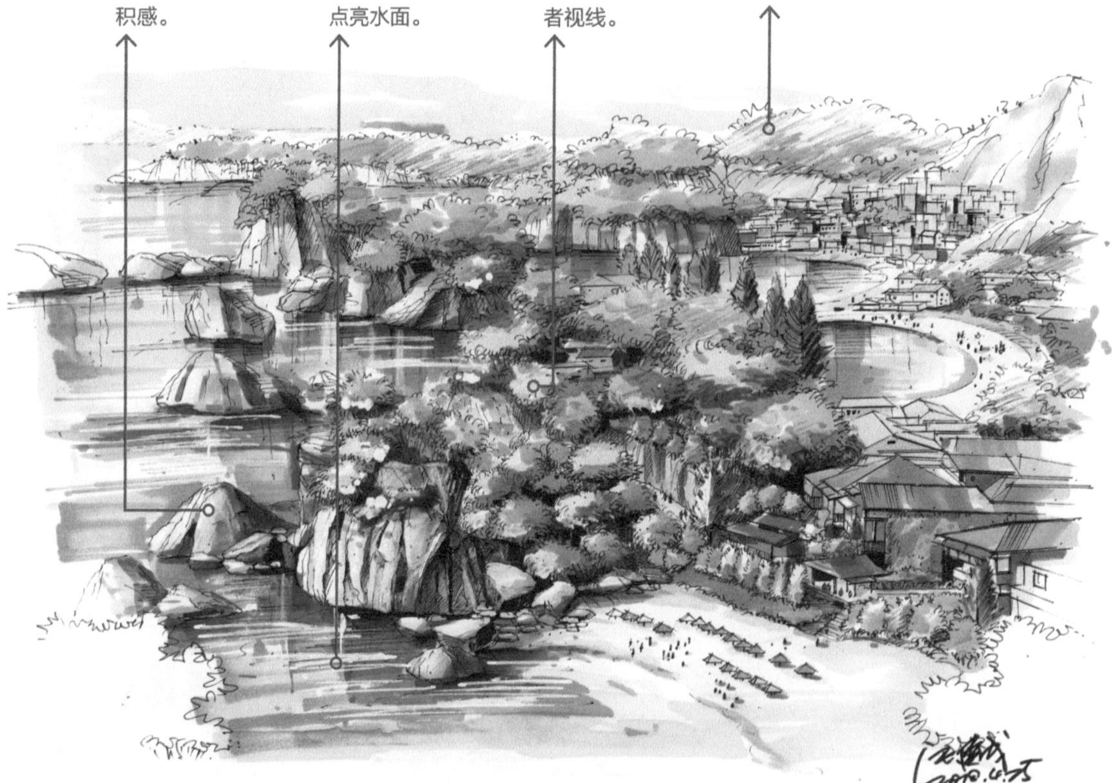

图 5-32　旅游区景观效果图（汪建成）

图 5-33　庭院景观效果图（王雅迪）

此处天空除绘制云彩外还绘制有飞鸟，动静结合，能够很好地丰富画面的视觉效果。

画面中景区域内的树木除使用绿色绘制外，还可选用蓝绿色、蓝灰色或黄绿色或灰绿色等来绘制。

水中树木的倒影可选用深蓝色绘制，不同色彩之间应衔接妥当。

画面中央的投影应强化表现。

图 5-34 公园景观效果图（三）

此处可使用白色绘图笔勾勒绿植最暗部的树干分叉，这种笔触也能强化绿植的体积感。

此处高层建筑之间的绿植可选用天蓝色绘制，这种色彩也能使整个画面的远近层次关系更明显。

此处地面可选用暖灰色绘制，这种色彩能与周边环境色彩相协调。

此处水面倒影可选用绿色和蓝色交替绘制，注意不同色彩之间衔接需妥当。

图 5-35 公园景观效果图（四）

此处画面中最高处的树梢顶端可适当留白，为了丰富树木的立体形象，可选用黄色来作色彩的过渡与衔接。

此处使用了白色涂改液来表现阳光从树木中投射下来的效果，一般光线应从树木的阴暗区域发散出来。

为了丰富地面装饰效果，可选用多种不同深浅度的灰色和纯色来绘制地面。

图 5-36 公园景观效果图（徐畅）

此处景观构造位于画面边缘地带，绘制时要重点刻画该景观构造的暗部区域，可用色彩浓度较深的红色来绘制景观构造的暗部，这样也能与周边色彩形成鲜明的对比。

可利用涂改液绘制出阳光透过树木产生的倾斜光线，倾斜的光线需使用直尺辅助绘制。

此处可选用叠加蓝色和紫色的着色方式来表现出天空的美感。

图 5-37 公园景观效果图（方穗荣）（二）

位于画面边缘地带的绿植可选用多种色彩来表现树木树叶的形态特征，但必须保证该树木周边环境不着色。

绘制主体构造时要注重墙面质感的表现，可使用深色和浅色之间的色彩对比来衬托出墙面的质感和体积感。

画面底端边缘处的绿植可不着色，可选用曲直结合的线条来表现出绿植的形态特征，这种着色形式也能表现画面着色终止的效果。

图 5-38　公园景观效果图（柏晓芸）

此处选用了深浅度不同的绿色来表现树木的形态特征，整个画面的色彩比较平衡。

冷灰色可很好地表现出山石的体积感，在绘制时要能表现出每一块山石的形态特征。

绘制景墙造型时可使用直尺辅助绘制斜线条，在使用马克笔着色后还可在其表面覆盖一层排列有序的彩铅线条，以便能突显景墙的立体感。

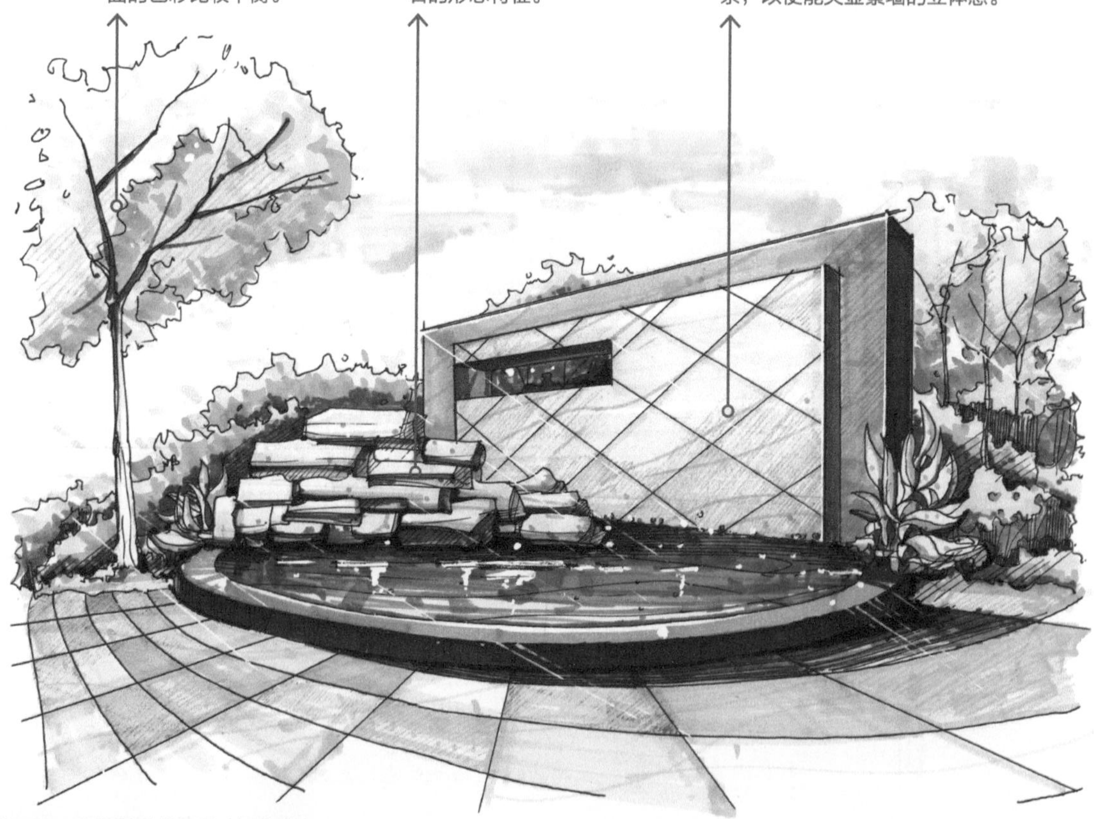

图 5-39　公园景观效果图（汤彦萱）

第6章 快题设计作品解析

学习难度： ★☆☆☆☆

重点概念： 版面设计、快速绘制快题、慢速绘制快题、作品解析

章节导读： 快题表现考察的是设计者对线条、色彩、版面构图以及作图时间等的把控能力。快题考试主要有两种，一是考试时间为 3 ~ 4 小时的快速考试；二是考试时间为 6 ~ 8 小时的慢速考试。这两种考试形式有不同的侧重点，考生需要在快题考试之前明确绘制的重点，并合理地分配时间，以便获取比较好的考试成绩。

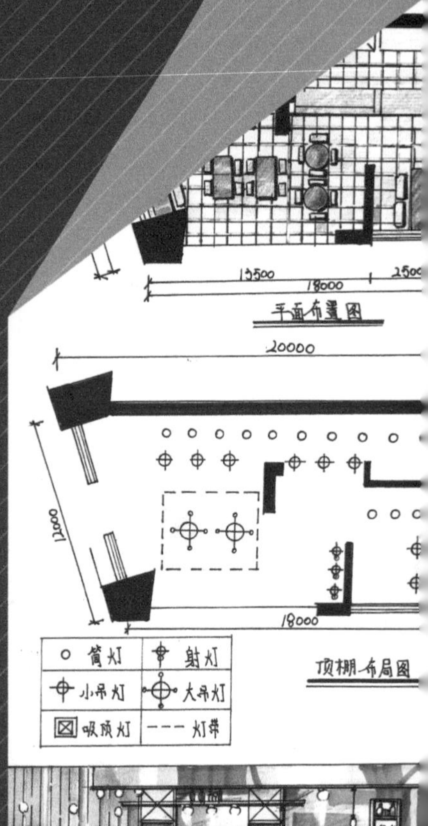

6.1 版面设计

版面设计是快题表现中比较重要的一环，它追求视觉的平衡，同时要求所绘制的画面要有重点，且画面中的所有色调要和谐，要兼具节奏感和韵律感。

6.1.1 版面设计元素

快题表现中的版面元素主要包括标题、创意思维图、平面图与顶面图、立面图与剖面图、效果图、设计说明，这些元素在快题表现图稿中占有不同的比例（图 6-1）。

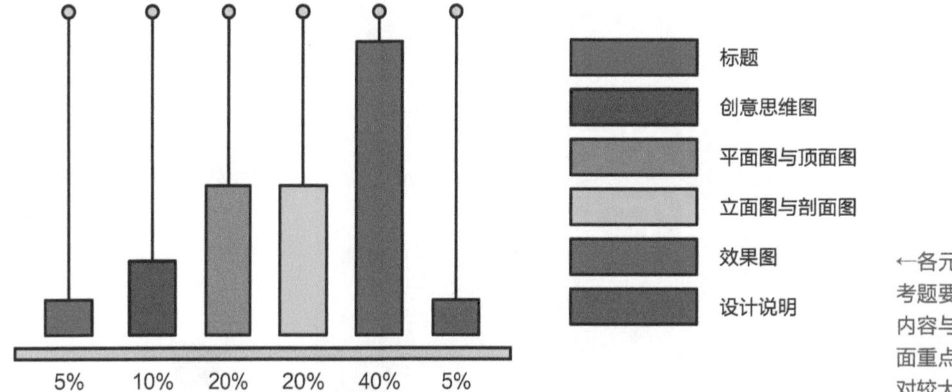

←各元素占据的比例根据考题要求来定，各校考题内容与侧重点不同，但图面重点内容占据的版面相对较大。

图 6-1　各元素在快题表现版面中所占比例

6.1.2 常用版面布局形式

快题表现图稿的版面布局讲究平衡性和逻辑性，平衡性要求图稿中所有元素所占的比例要平衡，所摆放的位置要协调；逻辑性则要求图稿中的内容要具有完整性、流畅性及连贯性，要形成别具一格的视觉效果，且版面格局也应当能够满足公众的观赏习惯。下面主要介绍快题表现图稿中常见的版面布局形式（图 6-2）。

←↓根据从上向下、从左向右的顺序依次表述标题→创意思维图→平面图与顶面图→立面图与剖面图→效果图→设计说明等设计元素。设计说明的文字不建议放置于整幅快题图稿上下两端的边缘，这样会导致出现字体不工整或字数太少的情况，对整体版面的视觉效果也有影响。

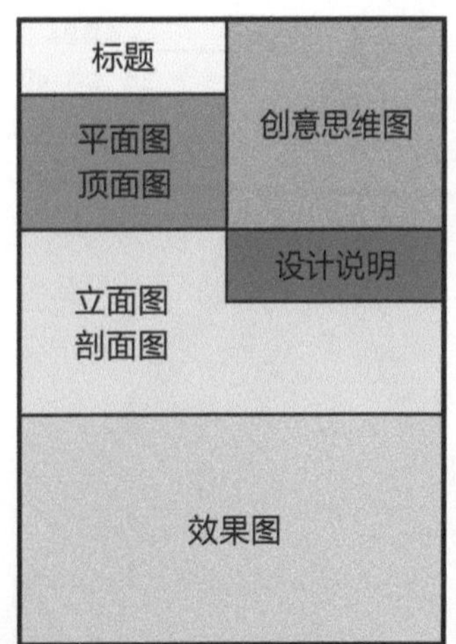

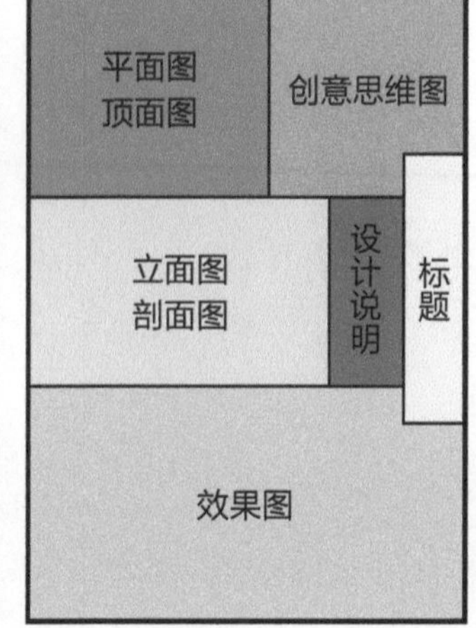

标题
创意思维图
平面图
顶面图
设计说明
立面图
剖面图
效果图

图 6-2　快题设计版面布局

6.2 快速快题绘制步骤

快速快题绘制主要针对 3 ~ 4 小时的快题考试，下面将就不同空间快题设计的绘制步骤来具体讲解快速快题绘制的要点。

6.2.1 居住空间快题绘制

居住空间快题设计图稿要表现出室内布局的特点，这可以从室内空间的平面图与部分立面图和效果图中展示出来，立面图和效果图中的内容应当具备一定代表性（图 6-3）。

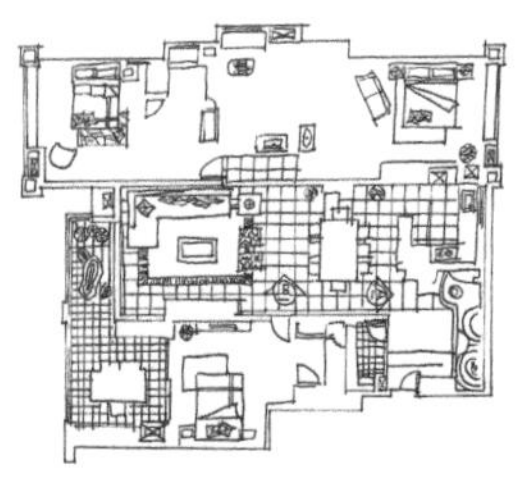

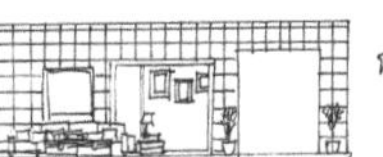

a）步骤一：绘制线稿，包括平、立面图以及部分效果图

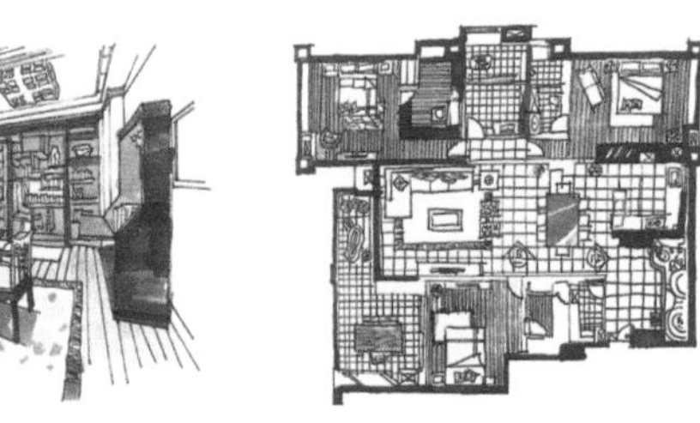

b）步骤二：着色，选定区域绘制其效果图，色彩需合理

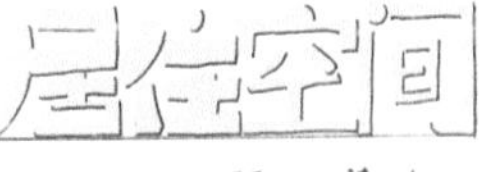

c）步骤三：添加标题，标题大小和位置要控制好

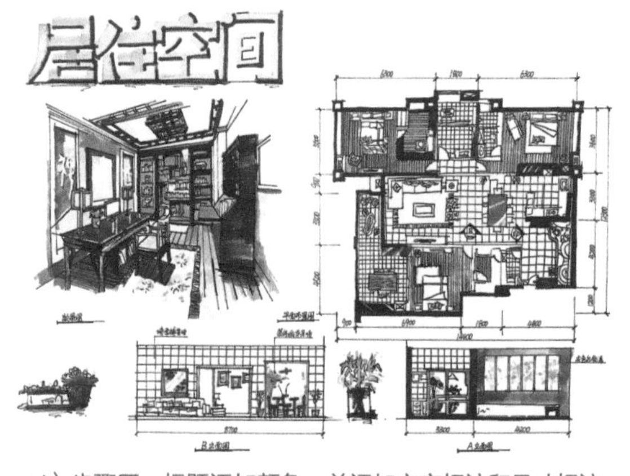

d）步骤四：标题添加颜色，并添加文字标注和尺寸标注

图 6-3 快题设计居住空间快速绘制步骤（吴晗）

↑本套设计方案主要以中式传统结合现代设计为设计主题，在现代简约设计的基础上，再加上少许的中式设计元素，两者相互结合，相互交融。该套设计以简洁明快的设计风格为主调，在追求经济、实用、舒适的同时，也体现出了传统文化韵味。此外，设计也较好地兼顾了中国传统文化中的审美情趣与现代人追求实用性之间的关系，与此同时还彰显了现代社会生活的精致与个性，很符合现代人的生活品位，这些在居住空间的快题图稿中都应当表现出来。

小贴士

平面图着色

平面图着色应注重虚实关系的绘制，图稿中心部位的主体图案可选用马克笔着色；图稿中面域比较窄小的区域则可以选用彩色铅笔来进行着色。当绘制至边缘且无边界线处时应当特别注意，可通过逐渐拉开笔触间距来终止着色，不宜仓促结束着色。

6.2.2 咖啡店快题绘制

绘制咖啡店的快题图稿时需注意，咖啡店的装饰风格既要符合大众的审美，同时也要独具个性；店内所设置的灯光要能营造一种自由和轻松的氛围；店内功能分区也要明确，装饰元素不可过多，以免显得过于凌乱；所使用的色彩也应当统一，不可有过于强烈的颜色对比，这会给人一种紧张的感觉，会影响咖啡厅内的整体氛围（图 6-4）。

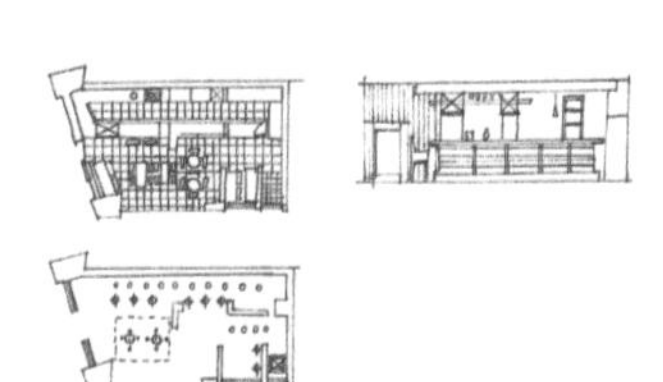
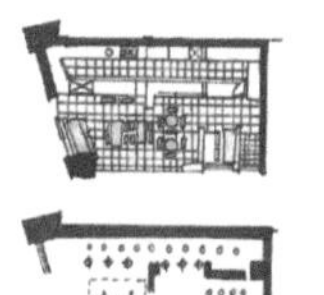

a）步骤一：绘制咖啡厅主效果图和平、立面图

b）步骤二：分区域着色

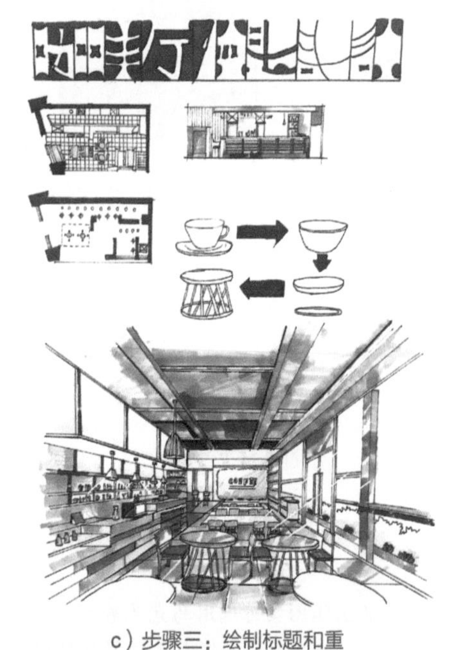

c）步骤三：绘制标题和重点区域设计概念图

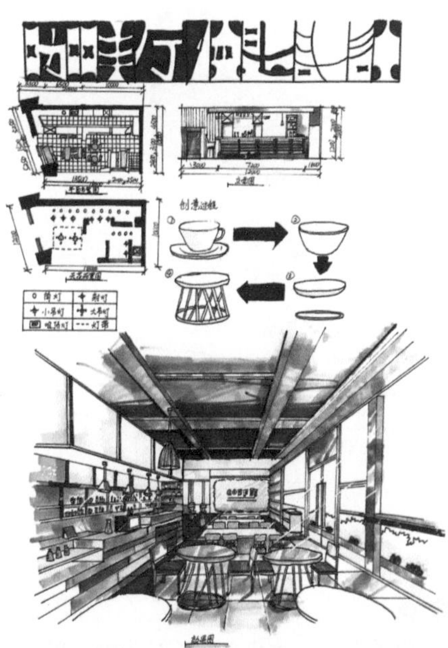

d）步骤四：绘制补充说明并调整画面色彩

←本套设计方案以现代主义设计风格为主。在今天这个多元化的时代，咖啡店更倾向于是一个比较时尚、温馨的场所。在进行咖啡店装饰时应当将这种风格融入设计之中，并要求内外协调。在室内空间设计一面绿色植物墙，同时搭配适宜的软性装饰，这可使画面具备良好的表现力。此外，该咖啡店中的桌子形状均是以咖啡杯为原型变化而来的，这一方面突出了咖啡店的主题，另一方面也能给人以新的审美和消费体验。

图 6-4 快题设计咖啡店快速绘制步骤（吴晗）

6.2.3 广场景观小品快题绘制

景观小品主要是用于点缀景观空间的小型设施，包括假山石景、雕刻、壁画、花架、雕塑、汀步、园椅、园凳、栏杆、花窗、隔断、景墙以及宣传牌等。景观小品要求能够兼具实用功能和装饰功能，一般体积较小，造型比较新颖，有较强的观赏价值。

绘制景观小品的快题图稿时要注意，景观小品的设计要巧于立意，要能传递出一定的意境和情趣，并能感染公众，引起公众的共鸣；同时景观小品还要能够结合地域特色，设计要具有浓郁的工艺美感，要能与自然和谐相融，与周边景观环境之间的构图关系也要十分和谐，且能满足使用功能和技术要求（图 6-5）。

a）步骤一：绘制景观小品的线稿图

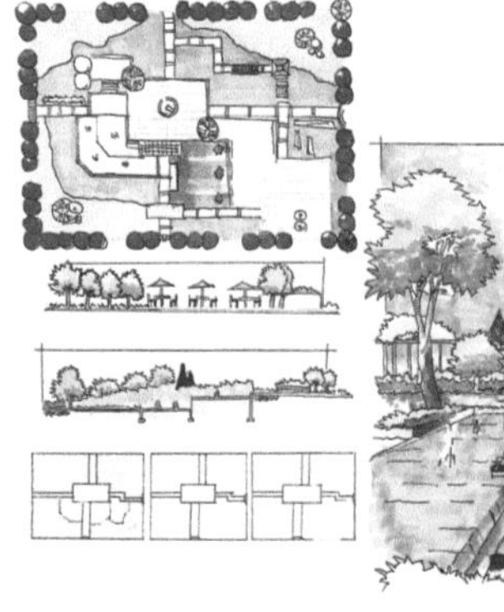

b）步骤二：依据主次顺序进行着色

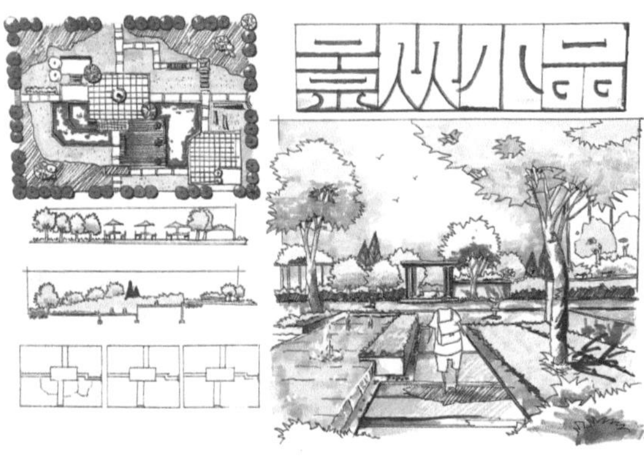

c）步骤三：检查着色效果并进行修补，然后绘制标题

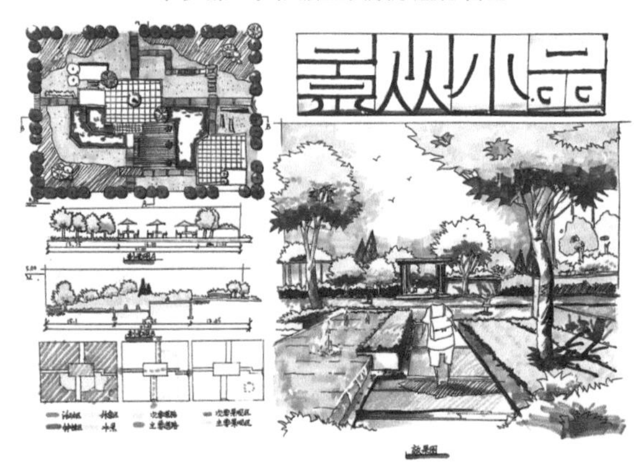

d）步骤四：完善图稿色彩，添加文字说明和尺寸标注

图 6-5　快题设计广场景观小品快速绘制步骤（吴晗）

↑该套设计方案以大型广场为主，分区明确。一般大面积广场很适合公众交流，在该广场内同时设置了休息区、文化景墙与文化景观区域，所选择的色调也富有生机，铺地小品的色彩与主体建筑也能取得和谐统一的效果。此外，该广场内的景观小品色彩鲜亮，能起到画龙点睛的作用，配合园中的喷泉，能给人以赏心悦目、心旷神怡的感觉，这也实现了景观小品既和谐统一，又富于变化的设计目的；同时在用色上又避免了色彩杂乱无章，在加强广场的艺术性的同时还保证了审美情趣，且设计整体也能很好地突显出以人为本的人文主义精神。

小贴士

快题设计版面规划

快题设计版面要保持设计元素与整体框架之间的对齐关系、单块与单块之间的对齐关系、单块与整体之间的对齐关系。版面中要有隐形矩形框和隐形对齐线条，图稿中的文字、色块、效果图等要成组、成区块地展示出来。

6.2.4 公园景观快题绘制

公园是具备自然观赏功能和供公众休闲、娱乐的公共场所，它的设计要符合相关科学技术和一定的艺术原则，同时还要能够满足环境保护的基本要求。公园一般可分为综合类公园、专类公园以及花园等，综合类公园可细分为市级公园、区级公园以及居住区级公园等；专类公园可细分为动物园、植物园、儿童公园、体育公园、文化公园、交通公园以及陵园等；花园可细分为综合性花园及专类花园等，在绘制快题图稿时应当依据公园类别来选定侧重点。

此外，在绘制公园景观的快题图稿时还应注意，公园以及公园景观的设计均应结合周边地域环境特色，在统筹研究解决公园与城市建设、公园空间布局、公园环境容量以及公园建设步骤等问题的前提条件下，要能够和谐地将游乐区、休憩区以及景观观赏区等有机地结合在一起，并能因地制宜，创造出别具一格、主次分明的公园景观（图 6-6）。

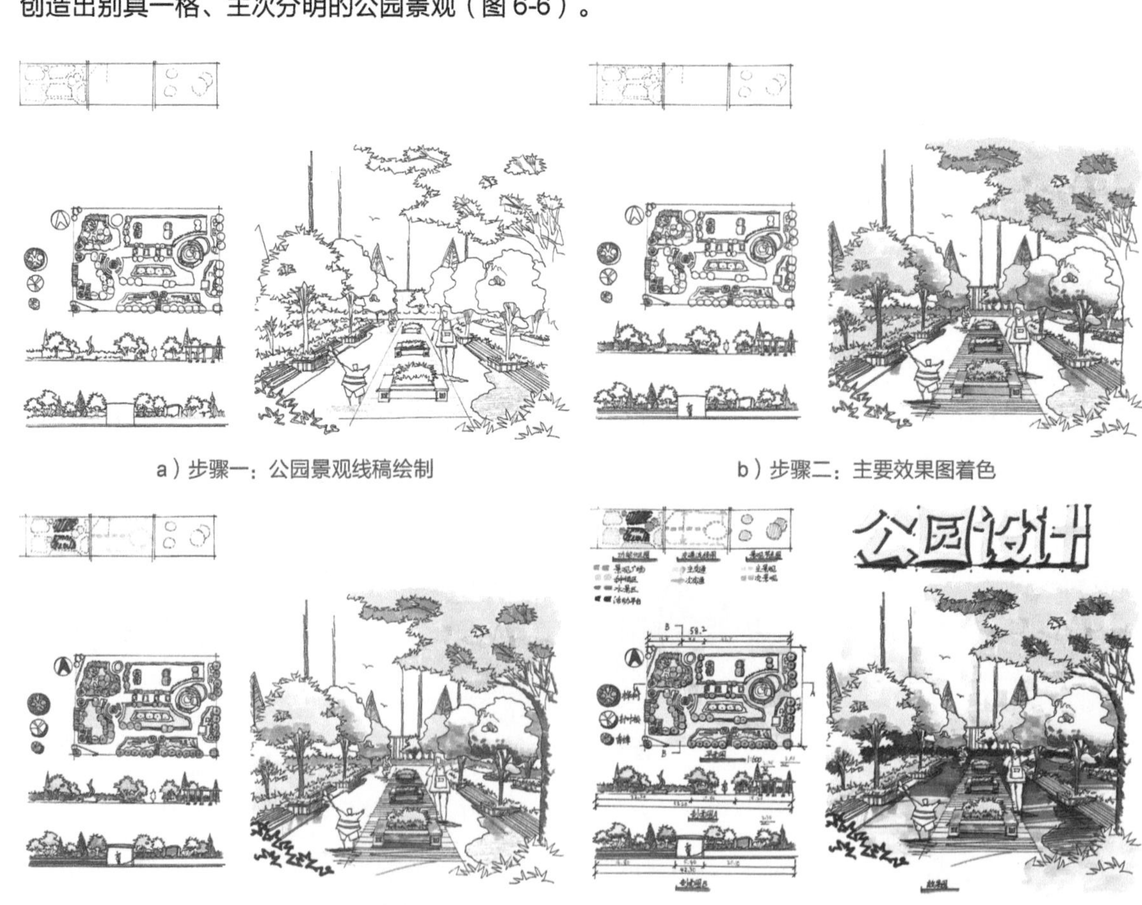

a）步骤一：公园景观线稿绘制

b）步骤二：主要效果图着色

c）步骤三：平、立面图着色

d）步骤四：绘制标题，添加尺寸、文字标注，并整理

图 6-6 快题设计公园景观快速绘制步骤（吴晗）

↑本套设计方案是以某城市中公园的公共绿地广场为主，该公园占地面积较大，由于该城市定位为创新城市，因此在规划公园广场的过程中应当考虑到各式各样、品种丰富的植物。整套设计方案以简洁、大方、便民及美化环境为主，并以此来突出创新这一主题。在设计时能够使广场合理绿化，并拥有独属的风格；大面积的、色彩丰富的植物，也从另一方面反映出该城市创新、清新的形象，同时这种设计既能够较好地展现出该城市的城市精神与城市文化，也能满足市民休闲、娱乐及审美的需求。

6.3 慢速快题绘制步骤

慢速快题绘制主要针对绘制时间在 6 ～ 8 小时的考研考试，下面将就不同空间快题设计的绘制步骤来具体讲解慢速快题绘制的要点。

6.3.1 服装店快题绘制

服装店是公众进行社会生活的重要组成部分，它是公众进行服装交易的重要场所，其规模有大有小。服装店的设计要能提升公众的精神文明，同时还能陶冶公众的情操。服装店内应包含出入口、收银台、服装陈列摆设区、休憩区以及试衣间等不同的功能分区。在设计时要分清主次，合理分配不同的功能分区所占的面积，同时还需做好相应的灯光处理和死角处理，服装店内的灯光既要能够展示出服装的特色，同时又要能够营造一种轻松、自在的购物氛围，这些都应当在服装店的快题图稿中一一展现出来（图 6-7～图 6-9）。

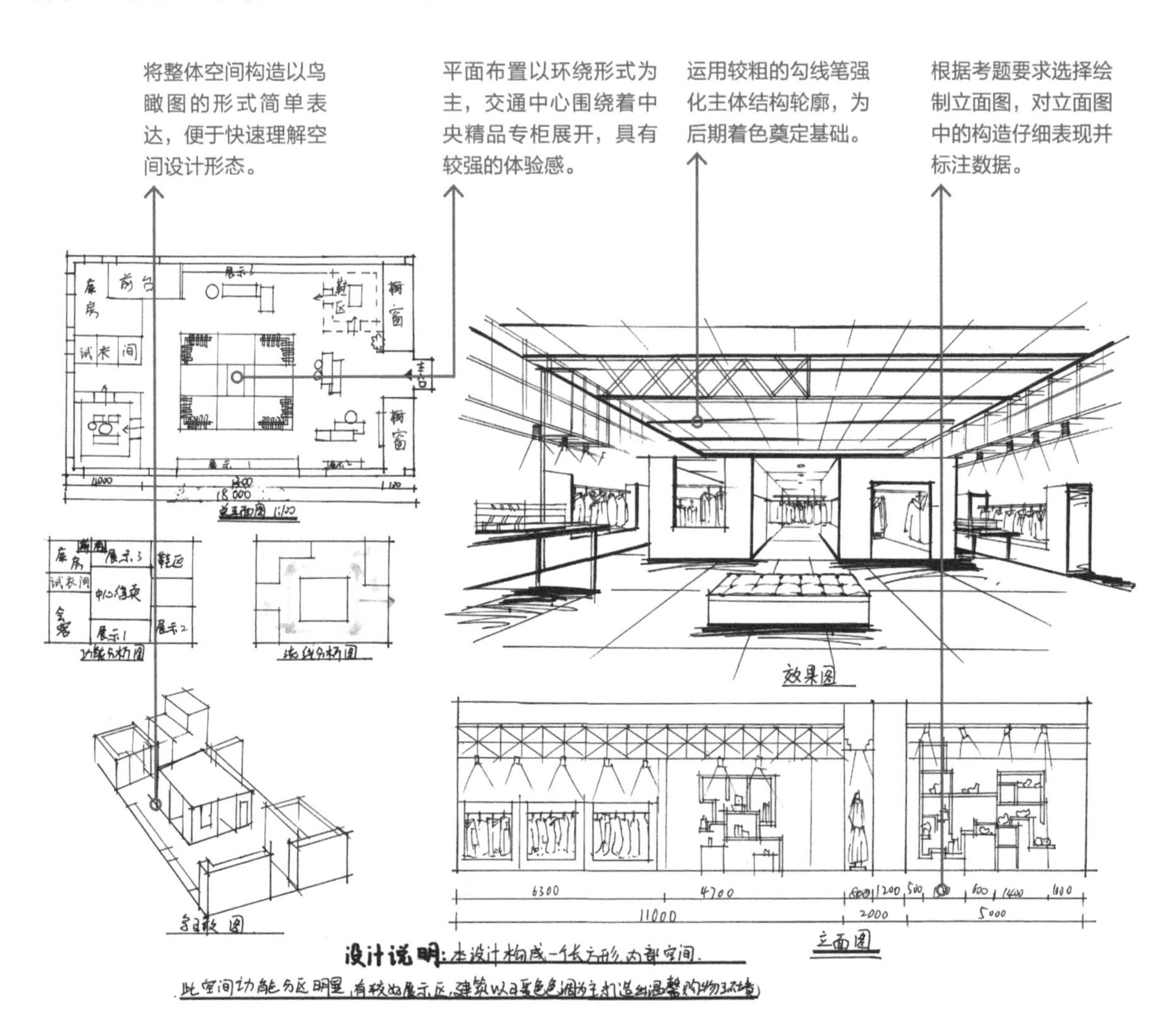

图 6-7　快题设计服装店线稿（张达）

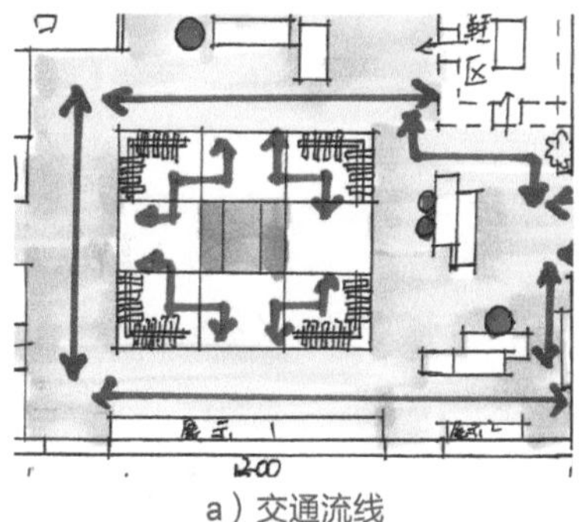

a）交通流线

↑在表现交通流线时采用较鲜艳的颜色，同时以较浅的颜色作为底色能衬托出流线箭头。

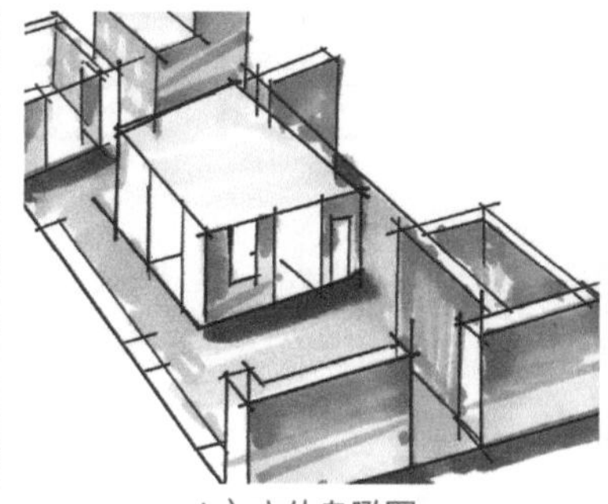

b）立体鸟瞰图

↑在立体鸟瞰图中简单着色即可，但是要表现出体积感与光影关系。

c）顶部空间

↑顶部无吊顶空间，采用深色多层覆盖，白色涂改液表现灯光照明效果，墙面着浅蓝色，马克笔与彩色铅笔同步覆盖着色。

图 6-8　服装店局部（张达）

功能分析图中采用多种颜色表现区域划分。

地面着色采用暖色，与顶面形成对比，用彩色铅笔覆盖后会显得更加均匀。

为了避免顶面构造过于简单，可以考虑设计桁架造型，并选用红色来提升空间的色彩层次。

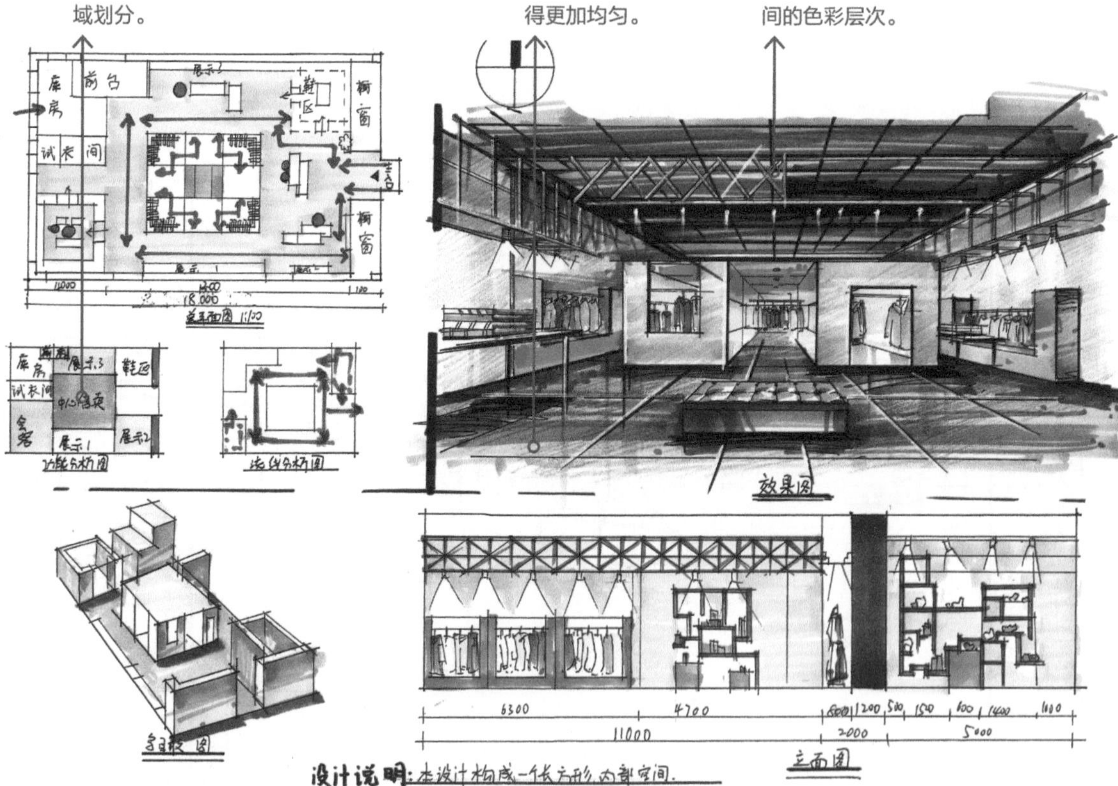

图 6-9　快题设计服装店着色稿（张达）

6.3.2　书吧快题绘制

书吧是专用于销售和展示书籍的商业店铺，它主要能起到传播思想、普及文化、联系读者、促进出版的作用。常见的书吧一般包括出入口、收银台、当季主打书籍展示区、书籍分类展示区、饮品区以及书法体验区等不同的功能分区。

在绘制书吧快题图稿时应注意，书店的设计风格要能营造出较浓郁的阅读氛围，所应用的色彩不可过于复杂，书吧内部色彩要协调、统一，但又在统一中有所变化。灯光设计也应当依据展示区域的不同而有所变化，一般应当选用比较温和的护眼光源。功能分区的布局也应当参考读者的日常喜好以及书籍阅读量等而定，不可随意布局（图 6-10 ～图 6-12）。

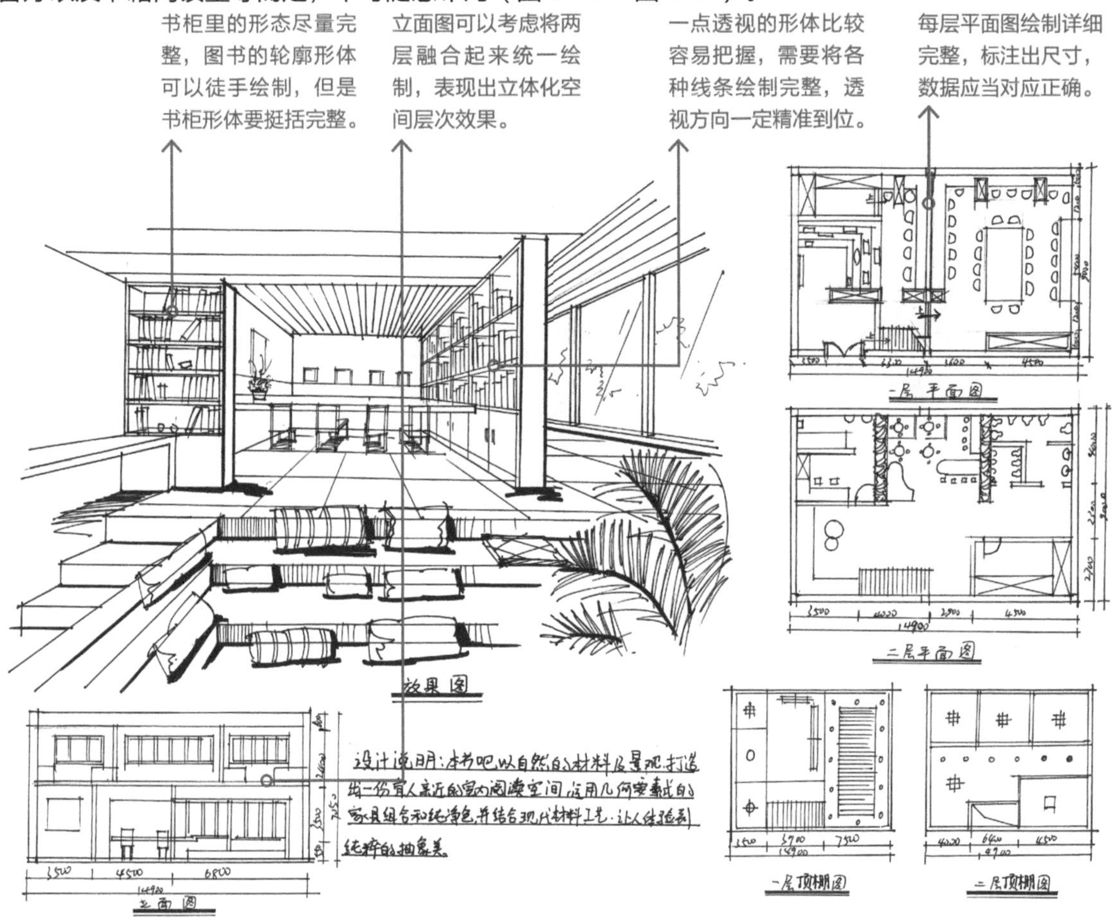

图 6-10　快题设计书吧线稿（张达）

a）局部家具

↑局部家具的底部采用深色强化阴影，用于衬托家具主体构造受光面的色彩。

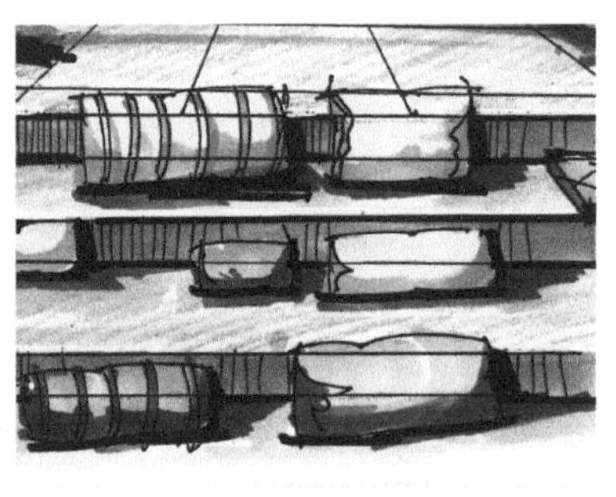

b）台阶

↑台阶的受光面与背光面形成对比，受光面为浅暖色，背光面为暖棕色。枕头的形式多样，具有丰富的形态变化。

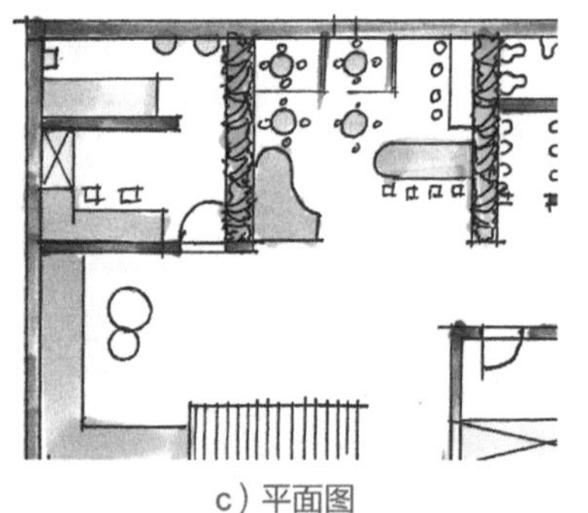

c）平面图

↑平面图形态绘制简约，覆盖基本的色彩能区分构造即可。

图 6-11　书吧局部（张达）

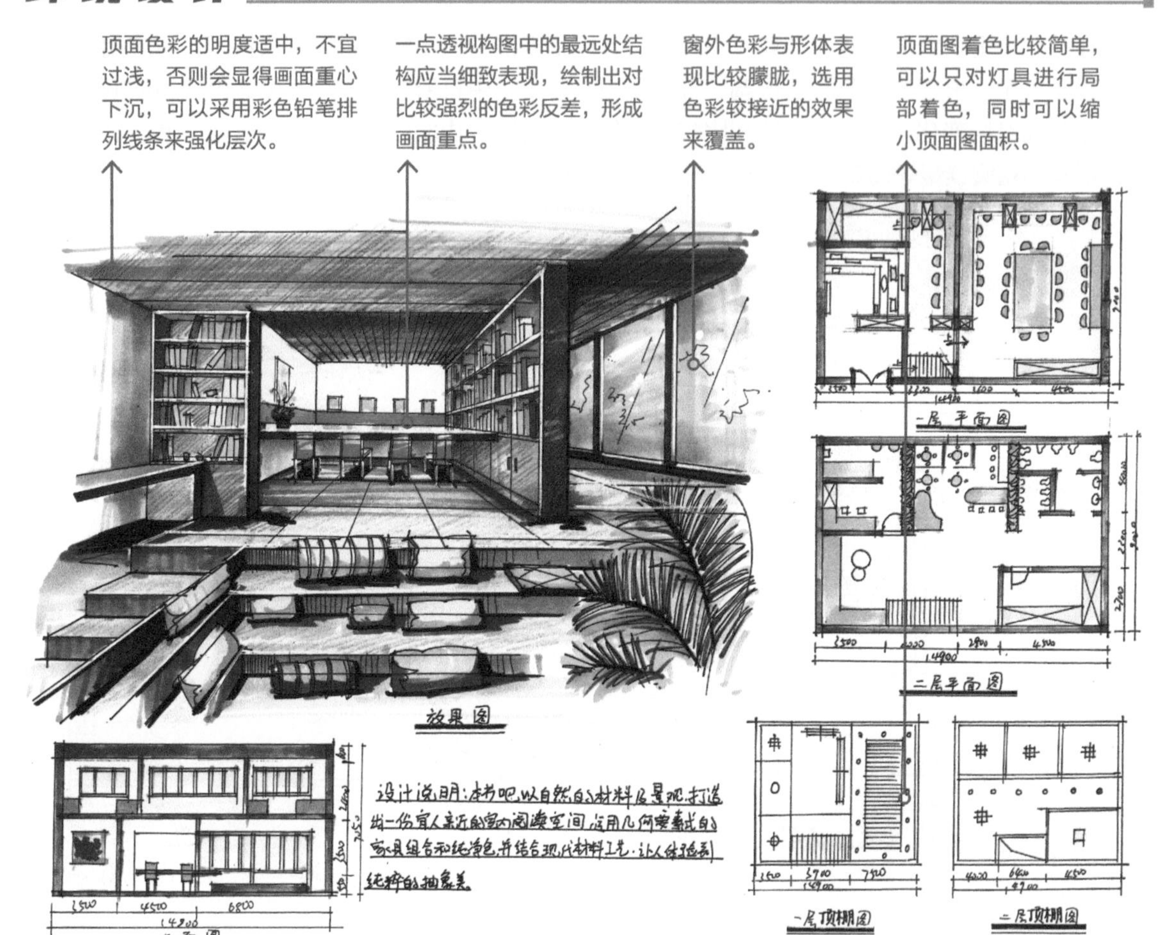

图 6-12　快题设计书吧着色稿（张达）

快题设计色彩要点

快题表现图稿中要合理运用色彩，要有主色和配色之分，且不同色彩在图稿中的比例要协调，色彩深度也应当符合设计要求。主色要把控好色调，将画面整体色调统一；配色可以丰富多彩，但是要控制着色面积，不能喧宾夺主。

暖色调的细分色彩品种较多，适用面更广，适合多种主题的室内空间快题表现。冷色调的细分色彩品种较少，需要与暖色调相互搭配，适用于公共空间或园林景观快题表现。

6.3.3　住宅小区景观快题绘制

住宅小区的存在一是为展示住宅小区文化，二是为居民提供一个休憩的公共场所。在设计住宅小区景观时，要严格遵守以人为本的设计原则，要充分利用小区地域特色，创造出一个富有感染力的，能够突显地域文化内涵，增强户外空间开放性的场所。

景观是住宅小区中比较重要的一部分，在绘制快题图稿时应当明确区域内部的功能分区，一般包括散步区、交流区、娱乐区、文化展示区等不同分区。在绘制时要表现出小区内部景观的多样性和独特性，要合理运用多种植物色彩，以此来丰富图面效果；同时还应分配好不同分区所占的面积，并注意处理好不同分区色块交界处的着色问题（图 6-13 ~ 图 6-15）。

立面图中的树木阴影部位以倾斜线绘制，采用深色绘图笔强化暗部投影，以形成较强烈的对比效果。

较长的弧形花台采用粗线强化轮廓，为后期覆盖深色奠定基础，同时背光区域内还可以覆盖斜线来填充。

树木投影处采用全黑色表现，与树木亮部形成强烈对比。

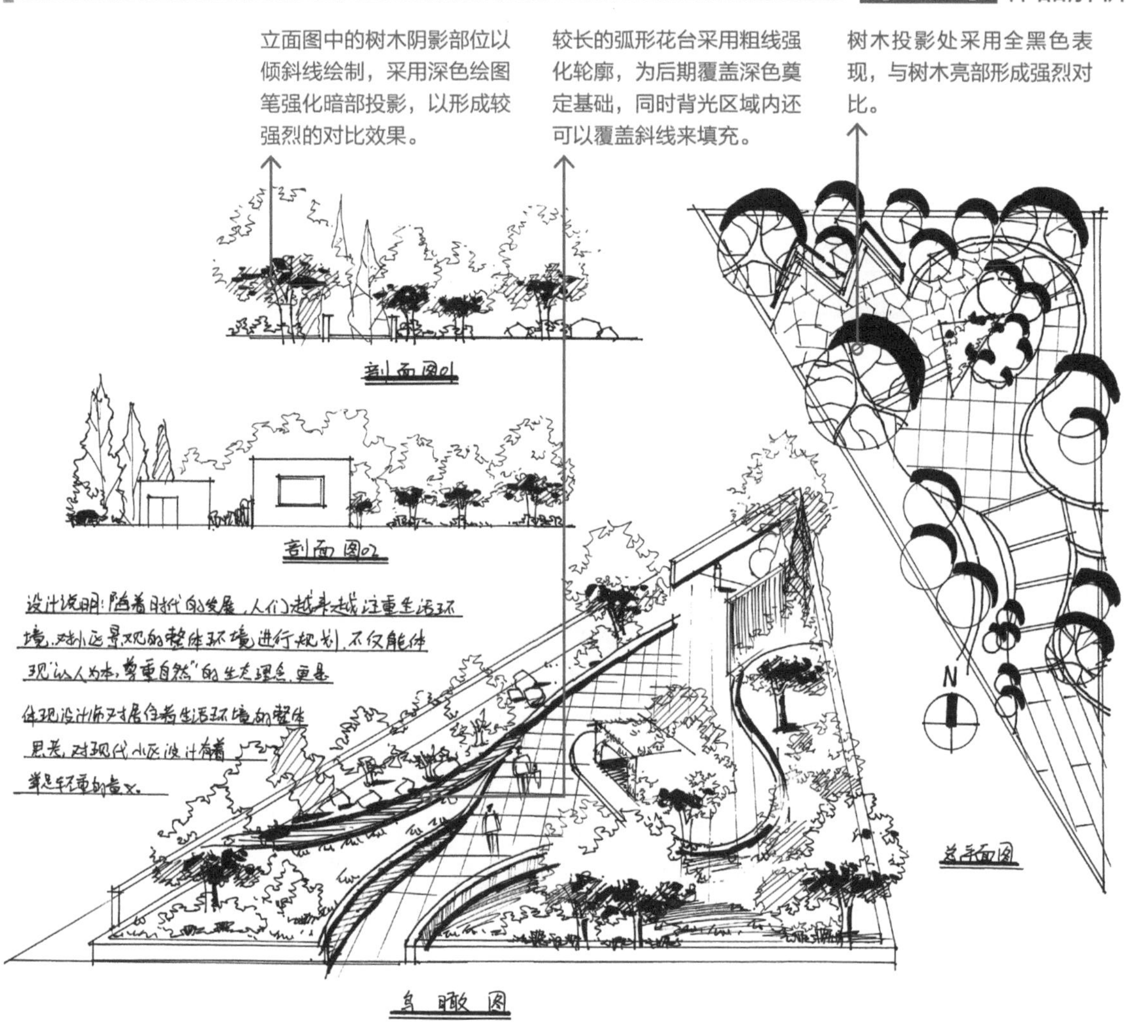

图 6-13　快题设计住宅小区景观线稿（张达）

a）立面树木

↑立面树木要分清层次，绘制的主体树木应高大且对比强烈，次要树木可以不着色，仅通过轮廓来表现其存在。

b）画面中央

↑画面中央的造型比较丰富，通过多种植物搭配来形成对比，对不同植物的绿色细致表现，将一种色系变化出多种色彩。

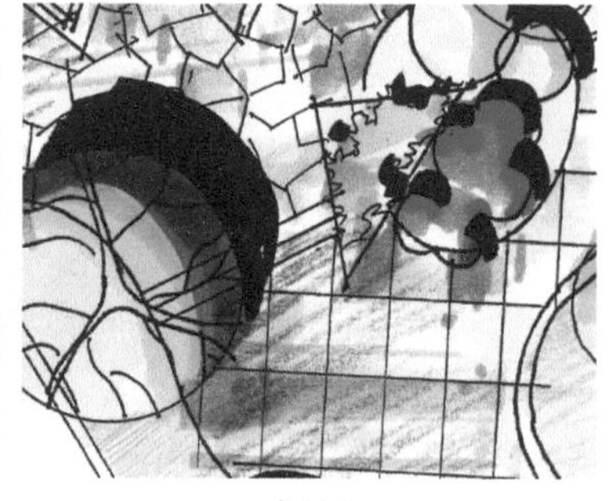

c）地面

↑地面覆盖浅色才能衬托出树木的深色，并采用彩色铅笔强化树木在地面上的投影。

图 6-14　住宅小区景观局部（张达）

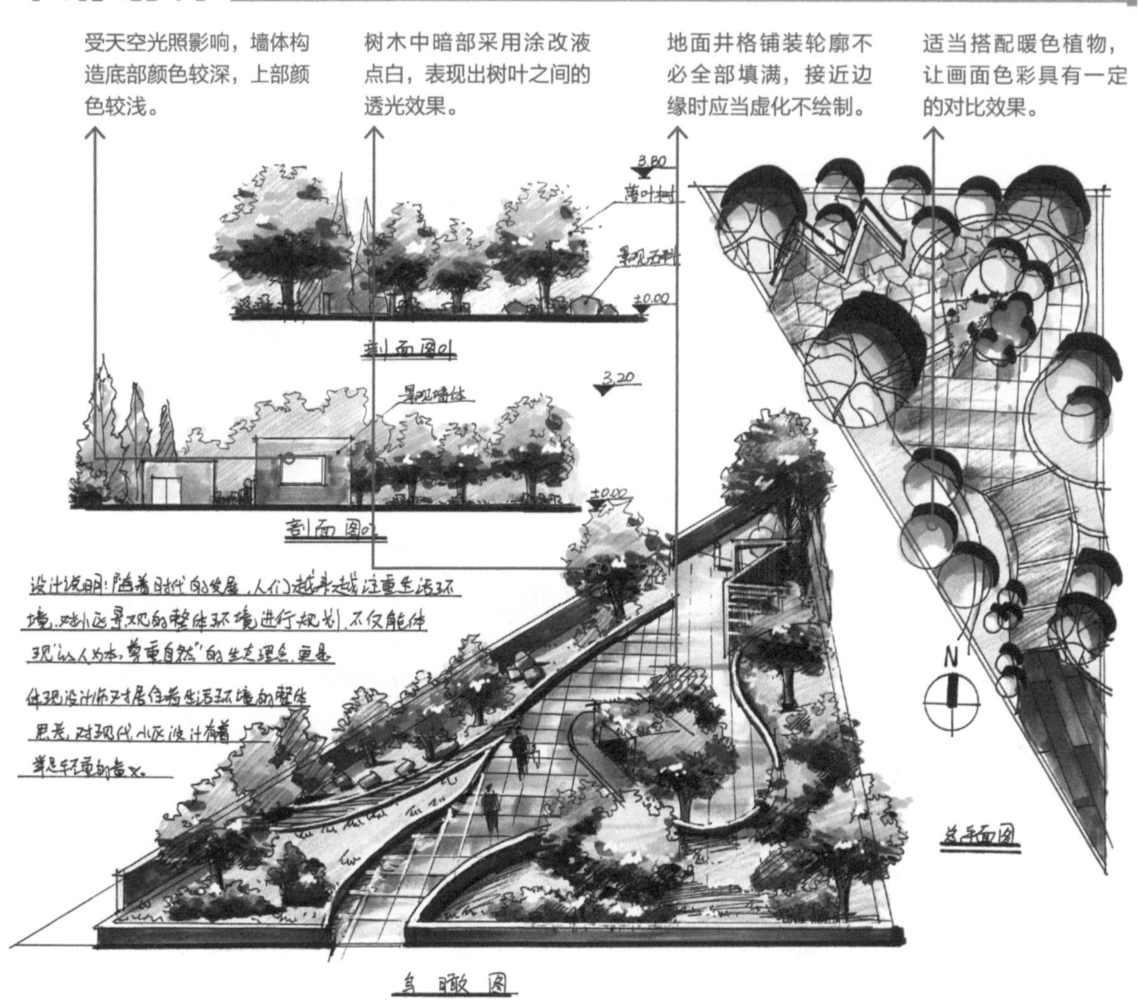

图 6-15　快题设计住宅小区景观着色稿（张达）

6.4　快题设计模版变换设计

在考试中，让考生感到比较困惑的是平时练习的内容与出题内容不一致，或完全没有关联，就会很被动。因此，在考试前要对相关设计创意进行归纳，形成多套属于自己的创意表现模版，以应付各类考题。下面介绍几类相关主题设计的变换方法。

6.4.1　展厅与餐厅共享模版

展厅与餐厅原本不相关联，但是可以运用同一类创意设计造型，甚至在色彩、构图、平面布局、设计说明上都可以相互借用（图 6-16、图 6-17）。

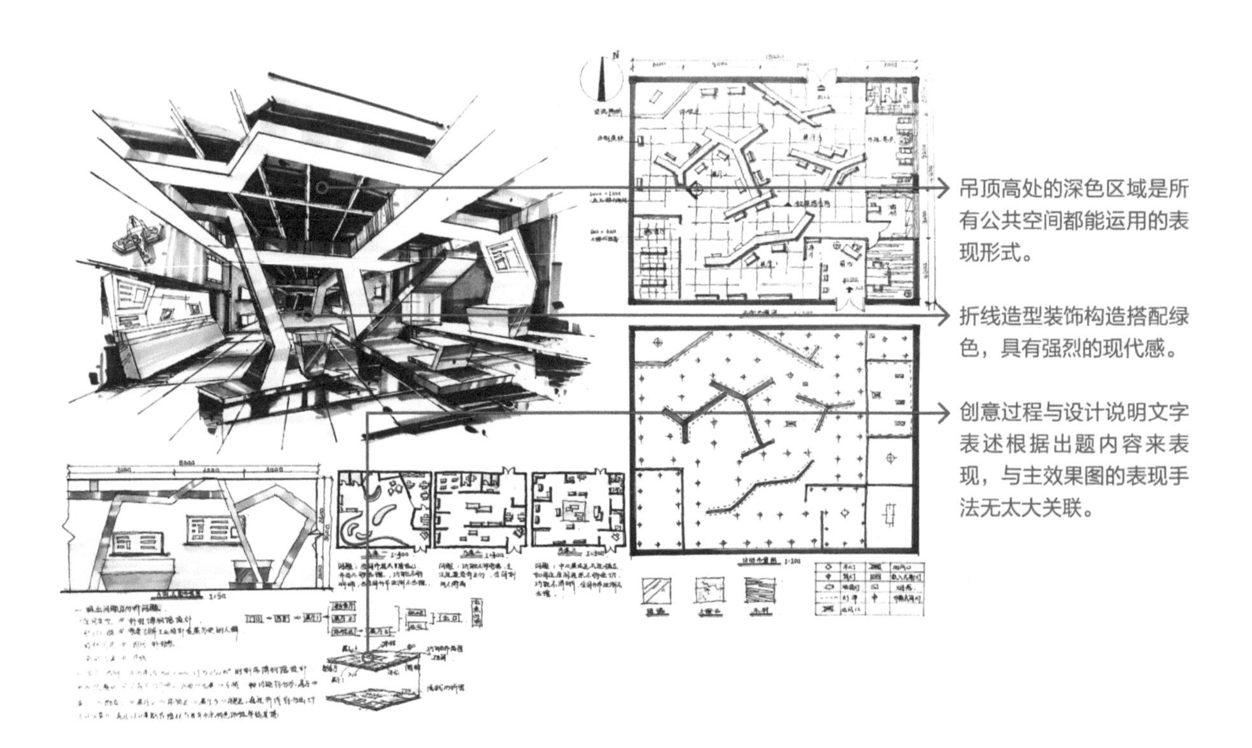

图 6-16　展厅快题设计（龙宇）

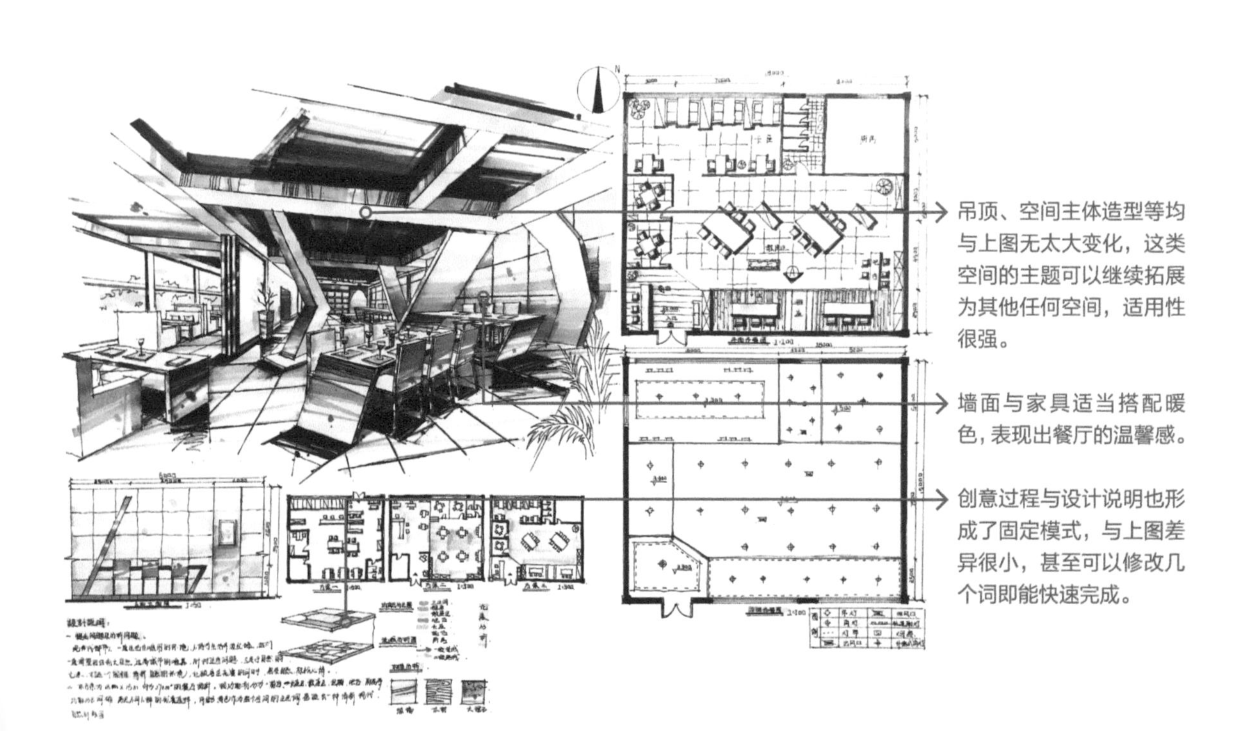

图 6-17　餐厅快题设计（龙宇）

6.4.2 住宅与公园景观共享模版

环境设计中的景观出题频率较高，但是景观设计方向很多，往往让考生找不准方向。在出题范围允许的条件下，在主效果图与平面图设计中可以只考虑设计其中一个局部，只要不要将范围扩大，就能找到很多相似点（图 6-18、图 6-19）。

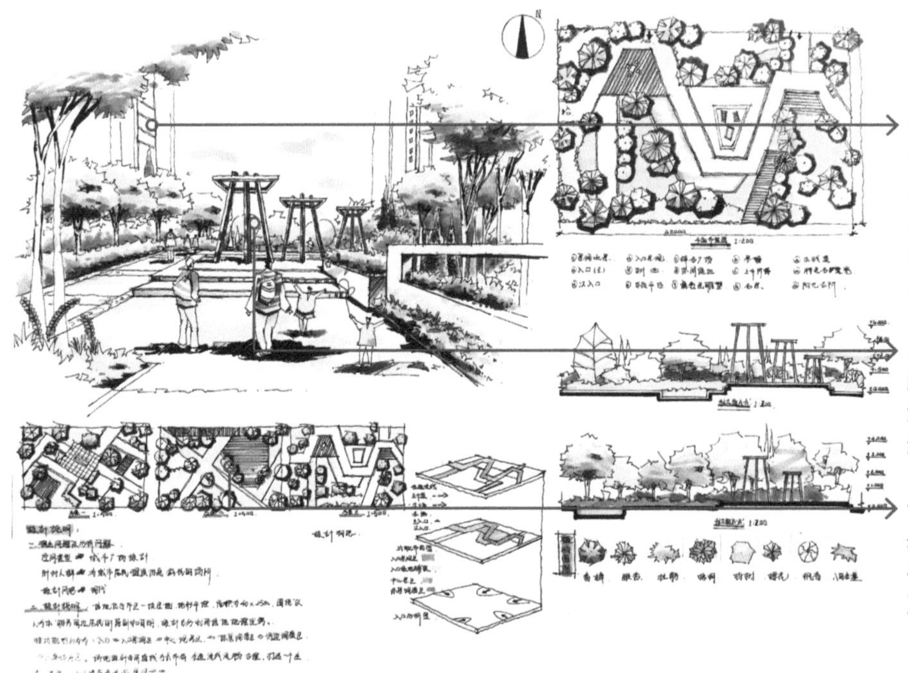

住宅小区的主体建筑较高，密度大，在构图时应当考虑回避这些建筑，将主建筑分布在画面两侧，减弱这些主体建筑在图中的呈现。

主要针对景观中的小品、雕塑进行设计，以直线造型为主能大幅度提高绘图速度。

创意方案图可以考虑倾斜表现，这些能将原本比较平庸的平面布局设计变得更具趣味性。

图 6-18 住宅小区景观快题设计（龙宇）

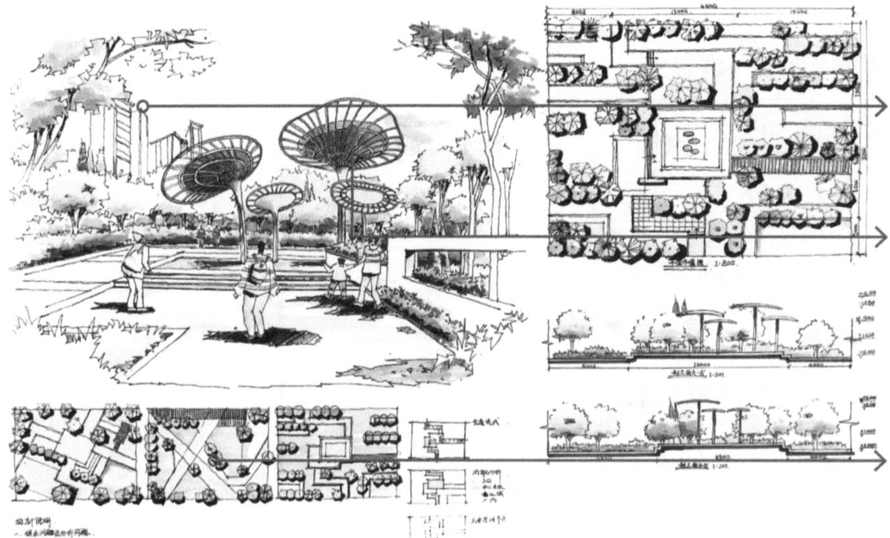

周边建筑以城市街道周边景象为主，弱化上图中关于住宅小区的高大建筑。

主体小品造型可以选择简单的弧线几何造型，主体形态呈网格化表现，能快速精准表现出体积感，同时对透视的把控也很轻松。

创意方案图的内容表现与上图相似，可以完全采用一套平面图，只需在具体的方案中稍许修改主体小品构造即可。

图 6-19 公园景观快题设计（龙宇）

6.4.3 办公间、餐厅与服装店共享模版

办公间、餐厅与服装店是室内考题中常见内容，考生在平时的练习中大多都画过，但是平时练习多以技法表现为主，并没有系统地考虑过快题设计各细节之间的关联，下面对这三种空间的共享模版进行说明（图 6-20 ~图 6-22）。

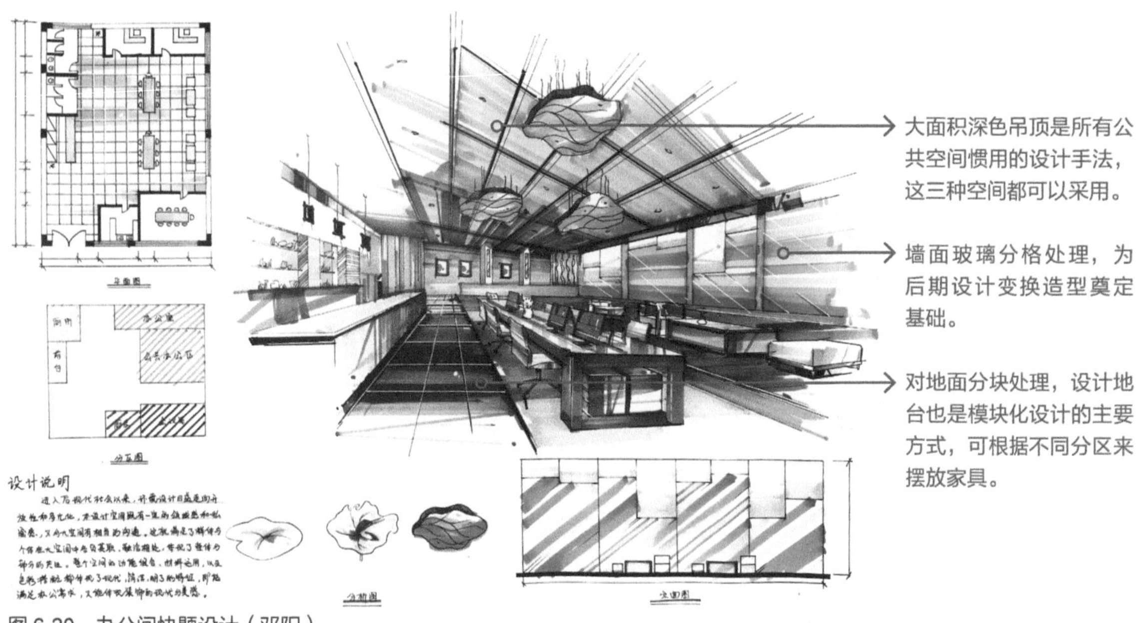

图 6-20　办公间快题设计（邓阳）

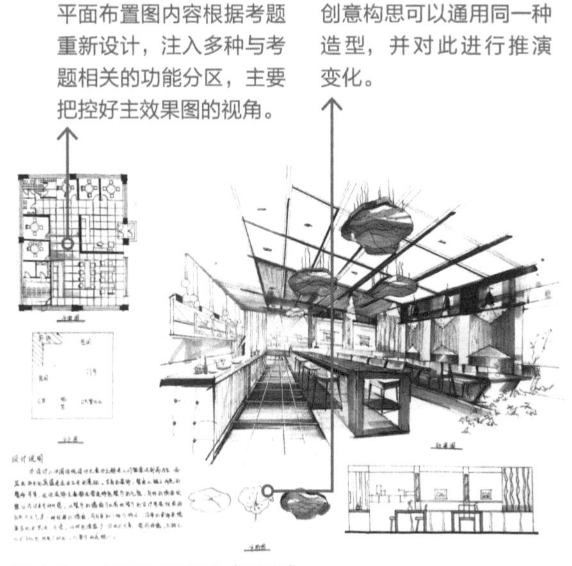

图 6-21　餐厅快题设计（邓阳）

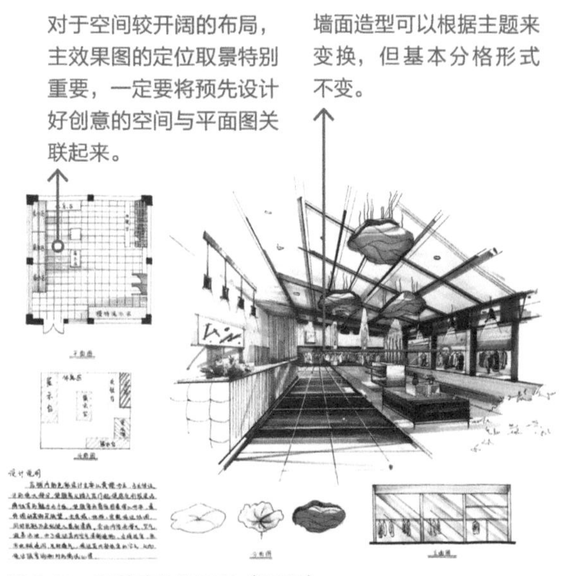

图 6-22　服装店快题设计（邓阳）

下面继续对办公间、餐厅与服装店这三种空间的创意共享设计进行说明，如将平面布局变成带弧线的异形空间，增添的空间氛围（图 6-23 ~图 6-25）。

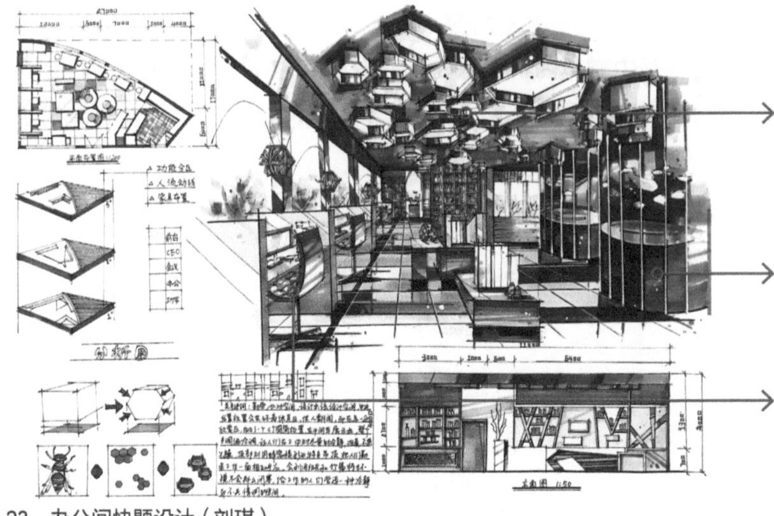

看似比较复杂的吊顶，其实多为大小不一的六边形，周边背景用深灰色衬托，形成强烈对比将不规则的形体变得丰富且凸出。

位于画面两侧的造型可以采用弧形，此处对造型的透视准确度要求不高。

画面近处的构造尽量方正和采用直线造型。

图 6-23　办公间快题设计（刘琪）

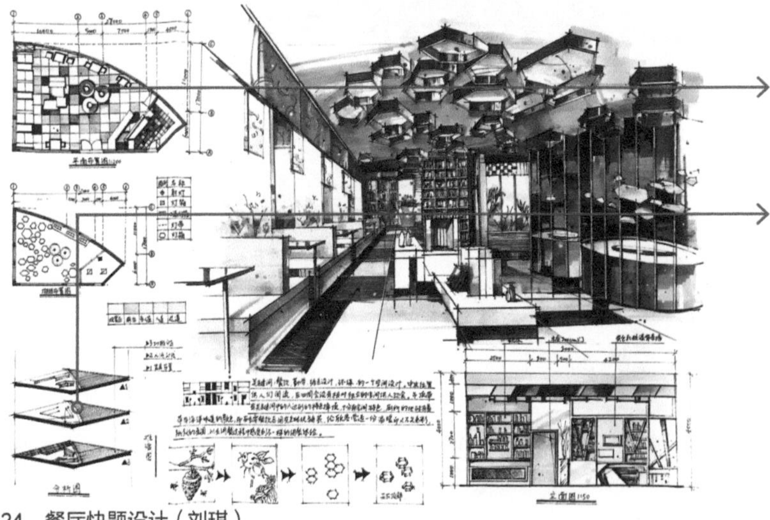

对主效果图中的基本布局进行少许变化，或者不变化都能达到完美的功能转变。

空间布局与功能分析图的设计模式与上图类似，采取多元化设计，丰富画面效果。

图 6-24　餐厅快题设计（刘琪）

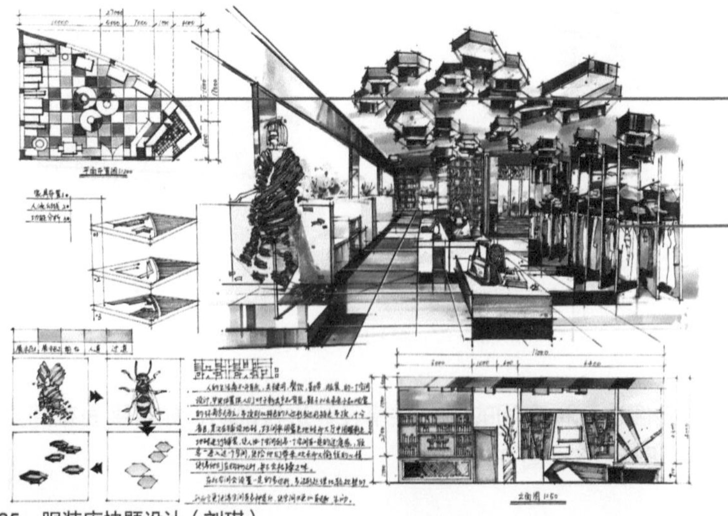

地面铺装地砖，采用间隔填深色的方式处理，让平整的地面具有层次感。

服装货架与商品组合，对透视形态没有要求，很容易快速完成。

图 6-25　服装店快题设计（刘琪）

6.5 快题作品解析

本节主要介绍不同空间的快题手绘效果图，并对每幅作品中的绘制细节进行详细的解读，读者可从中获取经验，同时也能得到一定的启发，这也能为未来的考研打好基础。

6.5.1 室内空间快题作品

室内空间是有限的，它主要由顶面、墙面以及地面构成。在室内空间中，人的感觉将会被放大，在设计时要注重色彩、材质、灯具、光线、装饰风格、陈设以及家具等对人心理产生的影响（图6-26～图6-42）。

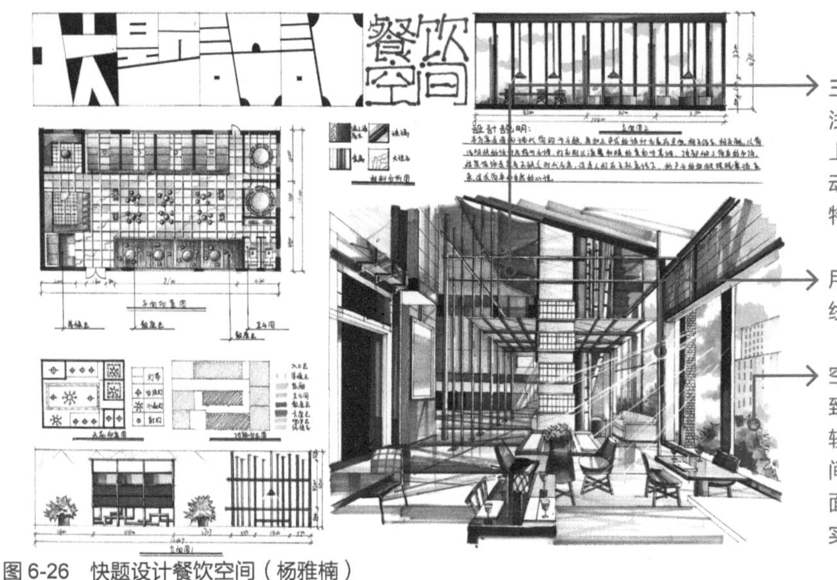

三点透视的绘制方法结合深色与浅色的搭配，且深色置于浅色之上，这种绘制能够更立体、更生动地展示餐饮空间的内部结构特色。

用白色表现从窗外照射进来的光线，视觉效果会更直观化。

空间外近处的绿植描绘得比较细致，远处的绿植和高楼的绘制比较简单，符合透视原理，同时空间外的蓝天白云也能丰富整个幅面的内容，能增强餐饮空间的真实感。

图6-26　快题设计餐饮空间（杨雅楠）

室内空间設計

空间关系图能够帮助阅卷老师更快速地理解该室内空间的功能分区情况，这种简洁、明了的说明方式会更加分。

主效果图旁配有相应的文字说明，说明中用简单的文字阐明了该空间所选用的风格、色彩以及装饰材料等，这种形式能够更直观化地表现设计意图。

立面图用于表现设计中重点部位的特色，此处用比较素雅的色彩阐明了设计所选用风格的特色，且图中线条清晰，观赏性很强。

图6-27　快题设计室内空间

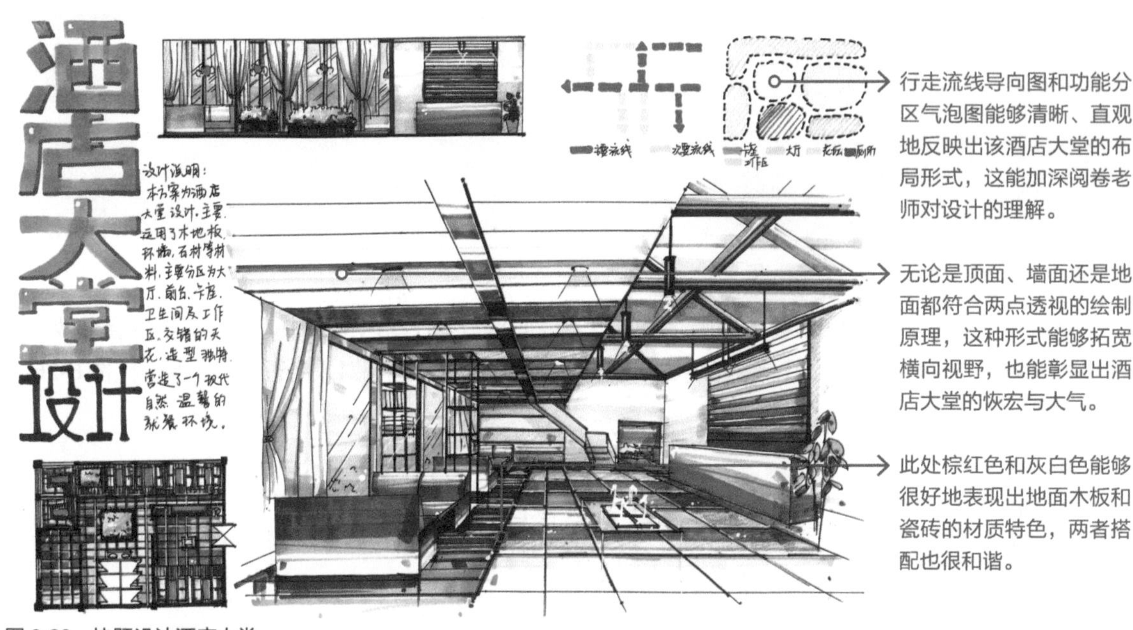

行走流线导向图和功能分区气泡图能够清晰、直观地反映出该酒店大堂的布局形式，这能加深阅卷老师对设计的理解。

无论是顶面、墙面还是地面都符合两点透视的绘制原理，这种形式能够拓宽横向视野，也能彰显出酒店大堂的恢宏与大气。

此处棕红色和灰白色能够很好地表现出地面木板和瓷砖的材质特色，两者搭配也很和谐。

图 6-28　快题设计酒店大堂

此处绘制符合一点透视的绘制原理，这种形式能够扩展纵向方向上的视野，增强画面的纵向延伸感，在纵向方向上所能展示的内容也更多。

交通流线导向图和功能分区气泡图能直观反映出该餐饮空间的内部布局形式，这对后期空间构图很有帮助。

暖色系能够营造比较轻松、温暖、和煦的氛围，这一点很符合餐饮空间的设计意图。

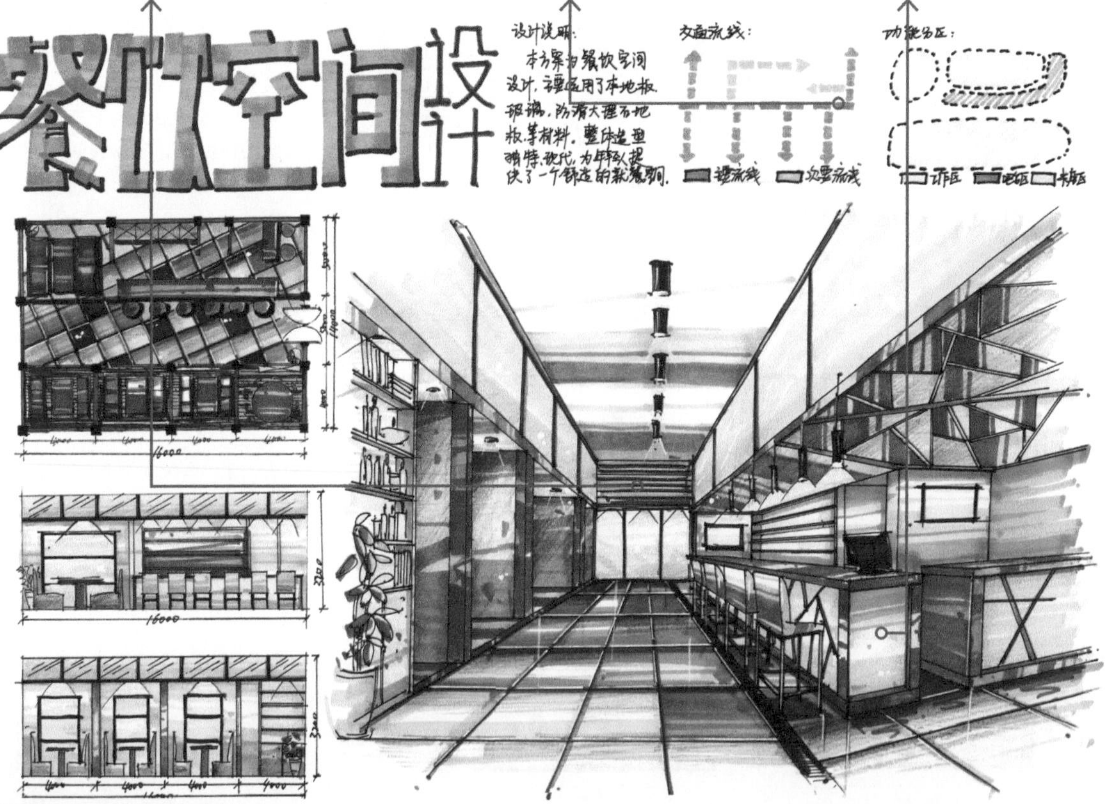

图 6-29　快题设计餐饮空间

材质分析简表图利用简单的文字和图案清楚地展示出了该咖啡厅装饰所选用的材料以及其规格和特性，这不仅能深化设计方案，同时也能从更多不同的角度来展示该咖啡厅的设计特色。

设计说明用简洁、明了的语言阐明了该咖啡厅的设计重点，包括内部面积、内部布局、设计灵感、设计重心、设计色彩、设计思想以及选用材料等内容，设计立意十分明确。

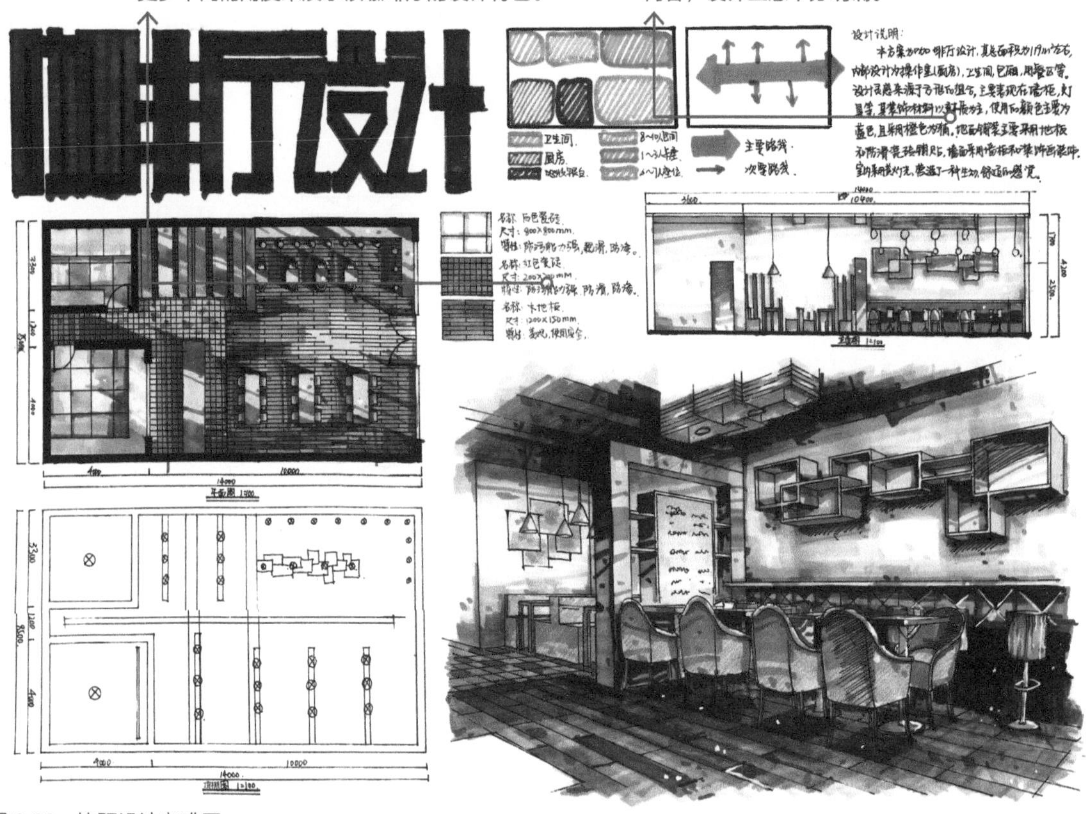

图 6-30　快题设计咖啡厅

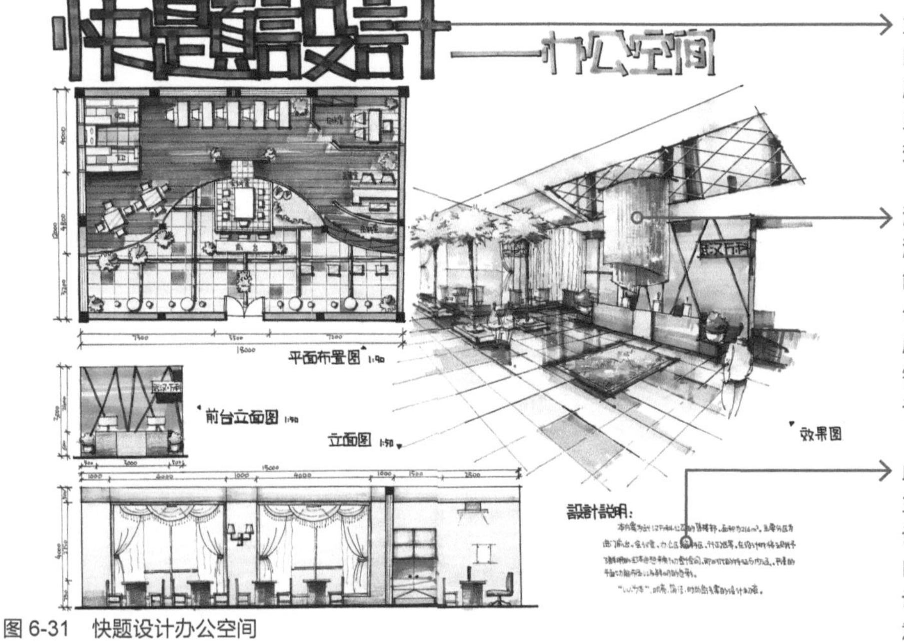

图 6-31　快题设计办公空间

主次标题用词准确，大小比例合理，且底边对齐，所选用的色彩为同一色系，但又有所不同，视觉效果比较好。

湖蓝色和白色交融产生的渐变色，配合黑色的凹槽，能比较形象地展示出该办公空间顶部镜面装饰的特质，且蓝色墙面和粉色收银台也能比较融洽地共处于同一空间。

此处设计说明简洁、明了，主要阐明了该办公空间的设计重点，包括内部面积、内部布局、设计色彩以及设计思想等内容，设计立意十分清晰。

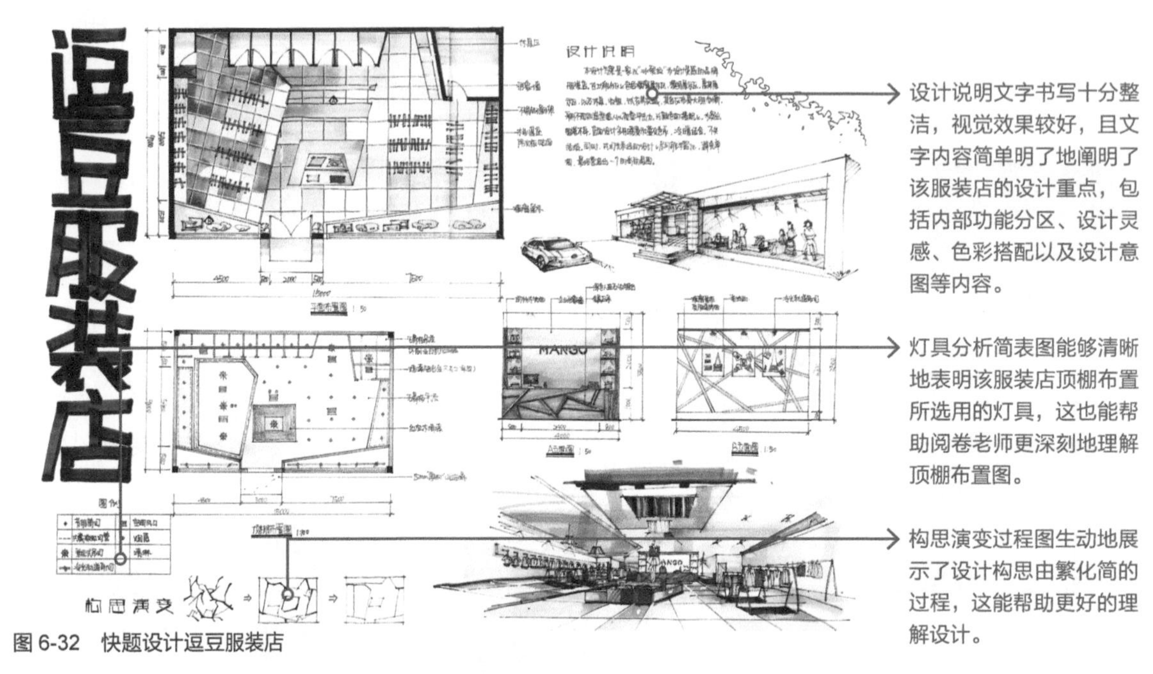

设计说明文字书写十分整洁，视觉效果较好，且文字内容简单明了地阐明了该服装店的设计重点，包括内部功能分区、设计灵感、色彩搭配以及设计意图等内容。

灯具分析简表图能够清晰地表明该服装店顶棚布置所选用的灯具，这也能帮助阅卷老师更深刻地理解顶棚布置图。

构思演变过程图生动地展示了设计构思由繁化简的过程，这能帮助更好的理解设计。

图 6-32　快题设计逗豆服装店

平面布置图清楚地展示了该服装专卖店内部的布局情况，同时在不同分区填涂上不同的色彩，这些色彩彼此互为补色，能与主效果图中的色彩相对应。

对细节的重点描绘将会强化整幅画面的视觉美感，此处工作桌的阴影分两部分绘制，均利用排线的方式，勾勒出工作桌的阴影范围，阴影有明有暗，使得工作桌更具立体美感。

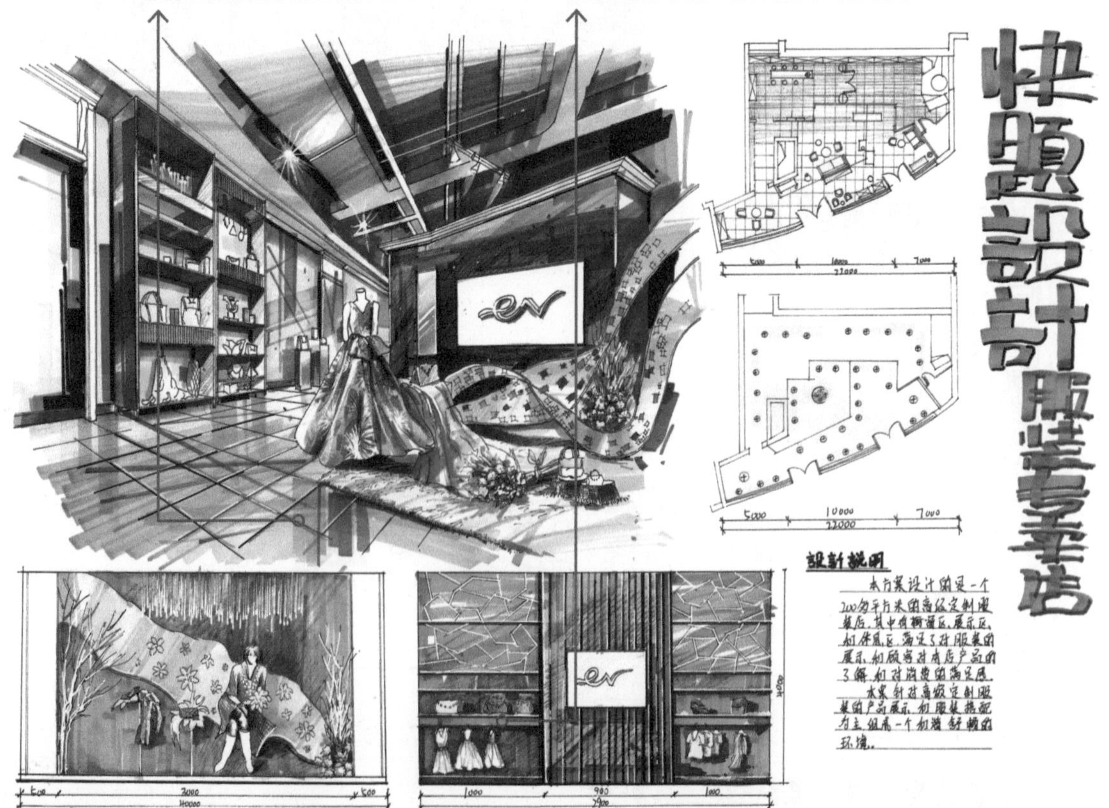

图 6-33　快题设计服装专卖店（孙菲）

功能分区气泡图能够比较直观地展示该咖啡厅的内部布局，这也能够与主效果图中所展示的场景相对应。

咖啡厅是为公众提供休息、畅饮以及交流等空间的商业场所，此处使用了橙色与蓝色，一来这两种颜色可以很好地互补，二来也能营造一种轻松、安静、温暖以及愉悦的氛围，很符合咖啡厅的设计主题。

图 6-34　快题设计猫树咖啡厅

设计说明用词简洁，分点阐明了该服装店的设计内容，包括内部面积、层高、地理位置、设计过程、设计目的、装饰材料等。

阴影明暗界线绘制清晰，色彩比例十分合理，空间中所运用的色彩不艳丽，不相互矛盾，表现出服装店的高雅气质，色彩交融所营造的购物氛围轻松。

人流走向导向图和功能分区气泡图具有较强的导向作用，很适用于面积较大，结构比较复杂的服装店，这种形式对于分析服装店的设计方案很有帮助。

图 6-35　快题设计服装店（许永婷）

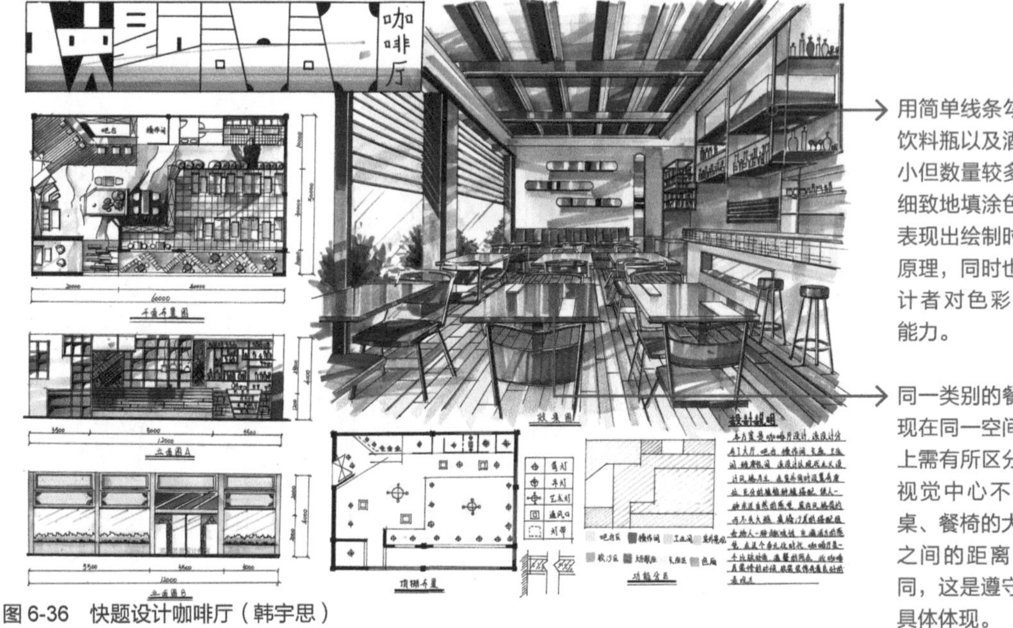

用简单线条勾勒出杯具、饮料瓶以及酒瓶等体积较小但数量较多的物品，并细致地填涂色彩，这既能表现出绘制时遵守了透视原理，同时也能彰显出设计者对色彩的灵活运用能力。

同一类别的餐桌和餐椅出现在同一空间内时在色彩上需有所区分，同时距离视觉中心不同距离的餐桌、餐椅的大小以及它们之间的距离也需有所不同，这是遵守透视原理的具体体现。

图 6-36　快题设计咖啡厅（韩宇思）

基础轮廓线条绘制清晰，整幅图稿画面洁净感很强，整体空间的视觉感也较好。

应用的色彩浓度较淡，填涂手法也十分简洁，丝毫不拖沓，很符合办公室内轻松但不失紧迫感的工作氛围。窗户蓝色与绿色的叠加也使得整个画面更具层次感，这种看似简单的着色反而会更考验绘图者的绘制水平。

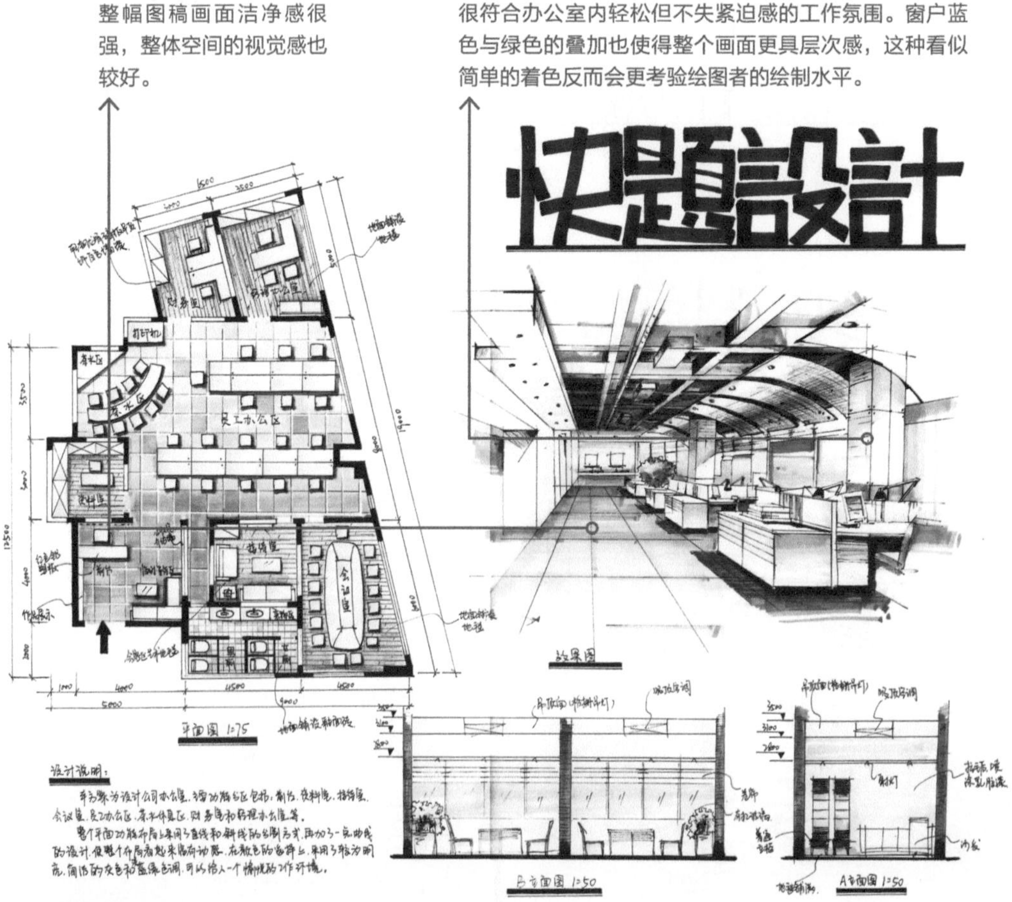

图 6-37　快题设计办公室

主效果图中光影关系很明确，不同界面的交接面以及明暗交界面处的色块衔接也很融洽。

构思演变过程图、人流走向导向图、功能分区气泡图以及灯具分析简表图，这几类图能够更具象化地分析该咖啡吧的设计方案，在整个图稿中所占的比例也比较合理。

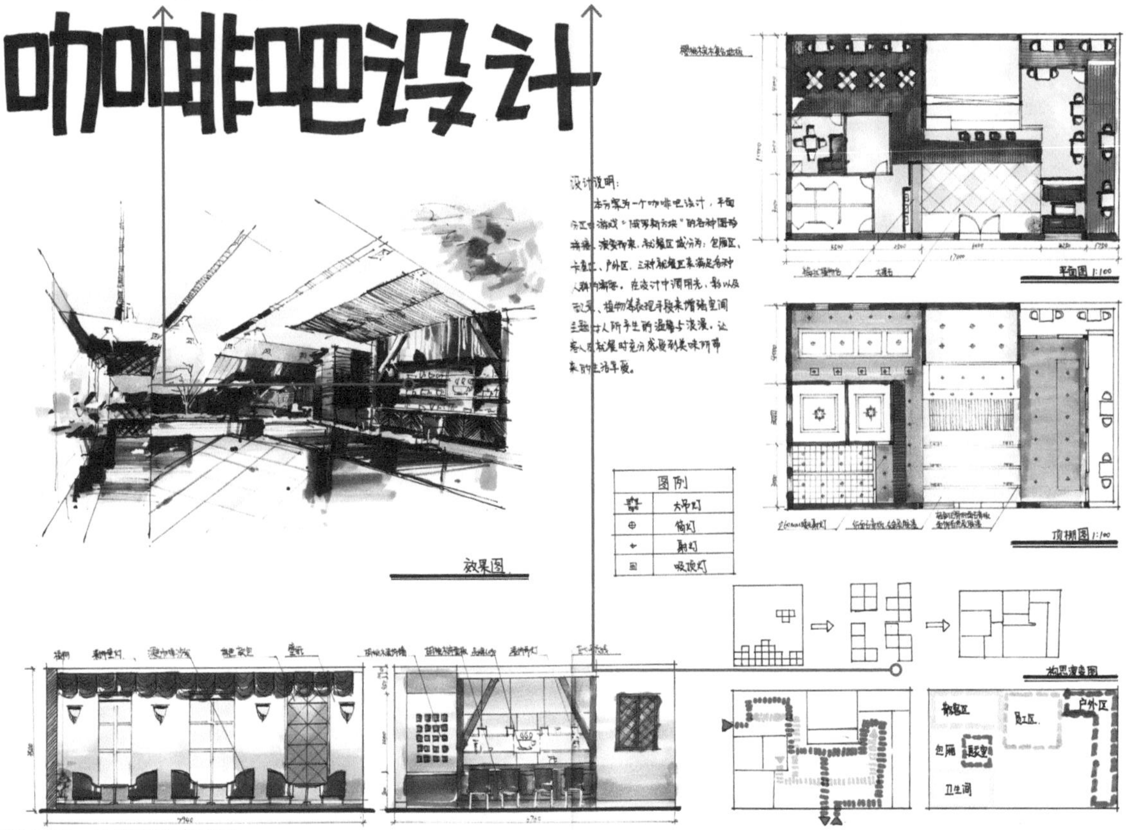

咖啡吧设计

图 6-38 快题设计咖啡吧

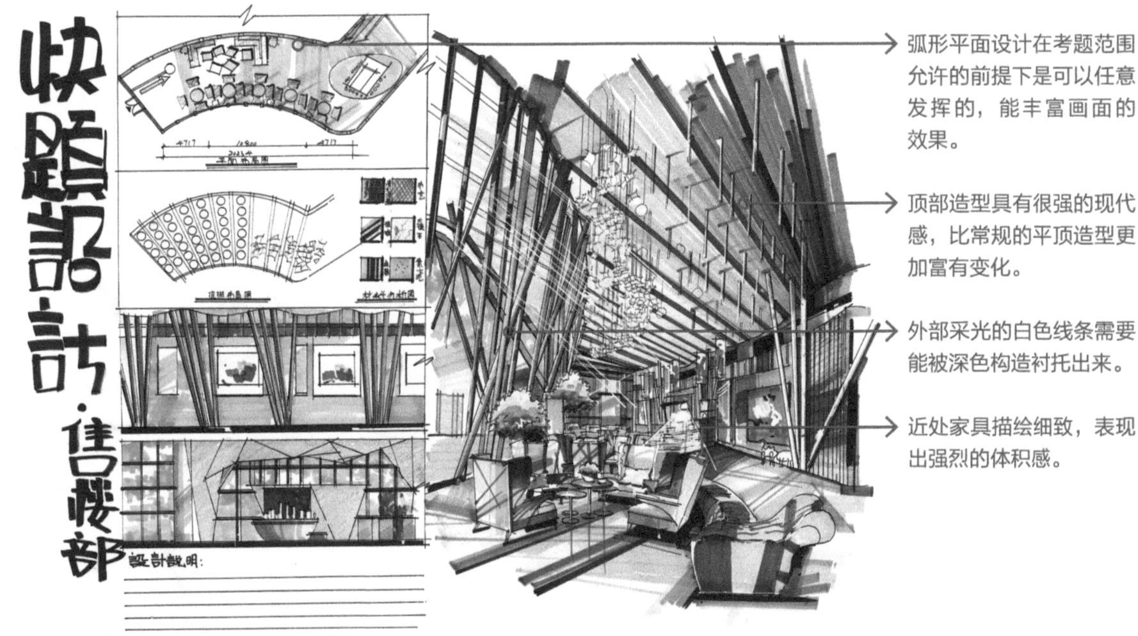

弧形平面设计在考题范围允许的前提下是可以任意发挥的，能丰富画面的效果。

顶部造型具有很强的现代感，比常规的平顶造型更加富有变化。

外部采光的白色线条需要能被深色构造衬托出来。

近处家具描绘细致，表现出强烈的体积感。

图 6-39 快题设计售楼部（叶妍乐）

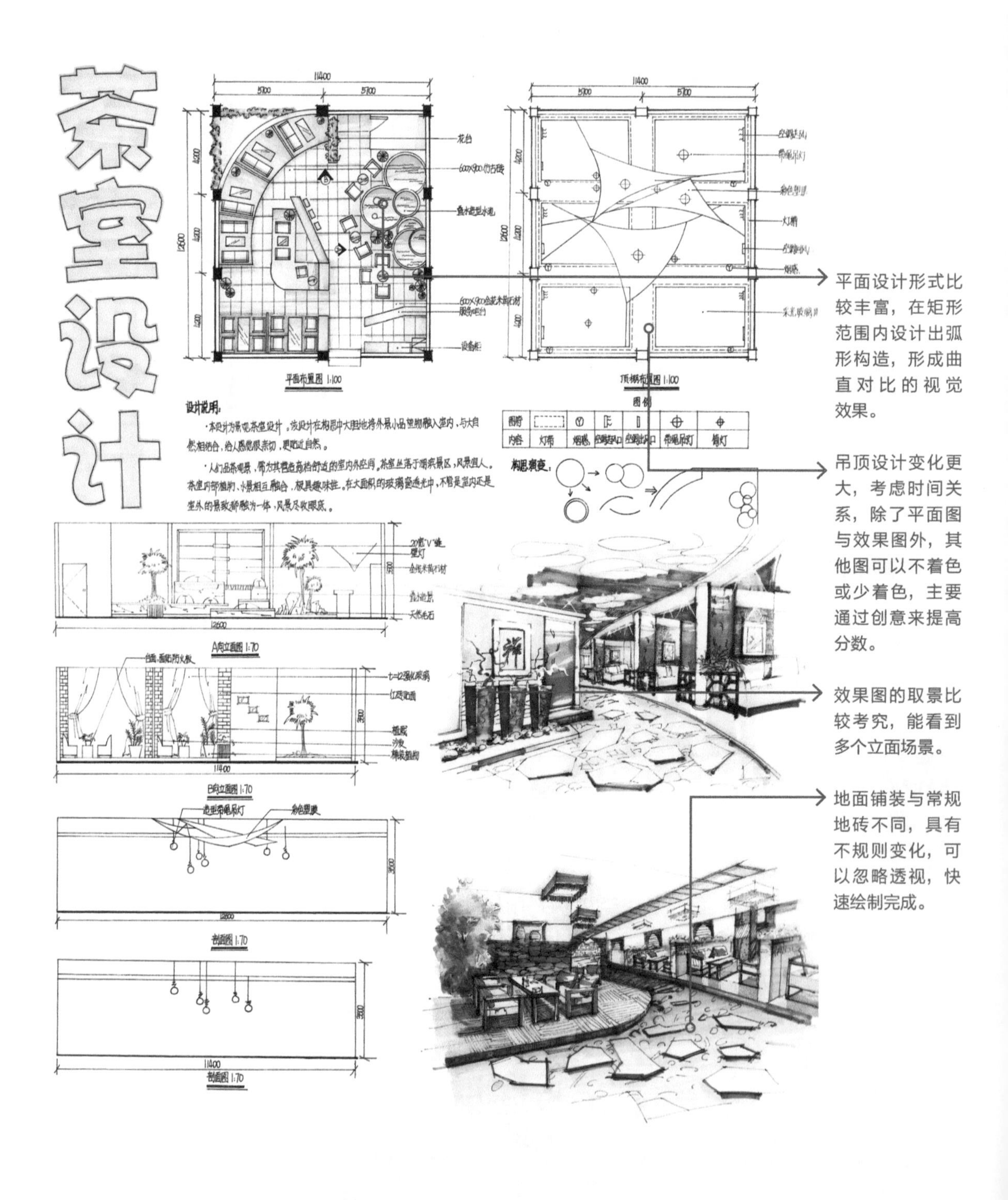

图 6-40　快题设计茶室（王惠慧）

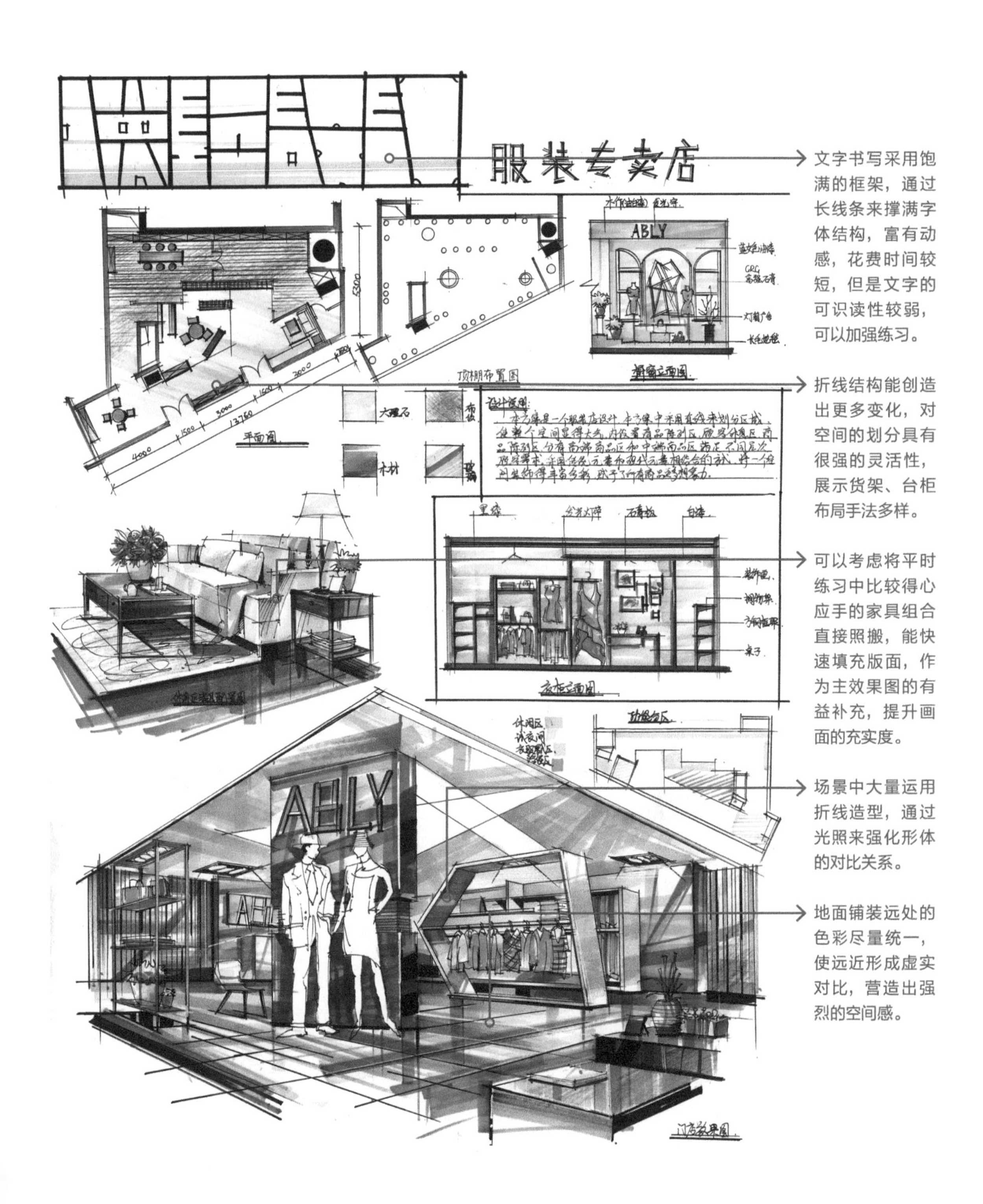

文字书写采用饱满的框架，通过长线条来撑满字体结构，富有动感，花费时间较短，但是文字的可识读性较弱，可以加强练习。

折线结构能创造出更多变化，对空间的划分具有很强的灵活性，展示货架、台柜布局手法多样。

可以考虑将平时练习中比较得心应手的家具组合直接照搬，能快速填充版面，作为主效果图的有益补充，提升画面的充实度。

场景中大量运用折线造型，通过光照来强化形体的对比关系。

地面铺装远处的色彩尽量统一，使远近形成虚实对比，营造出强烈的空间感。

图 6-41　快题设计服装专卖店（康题叶）

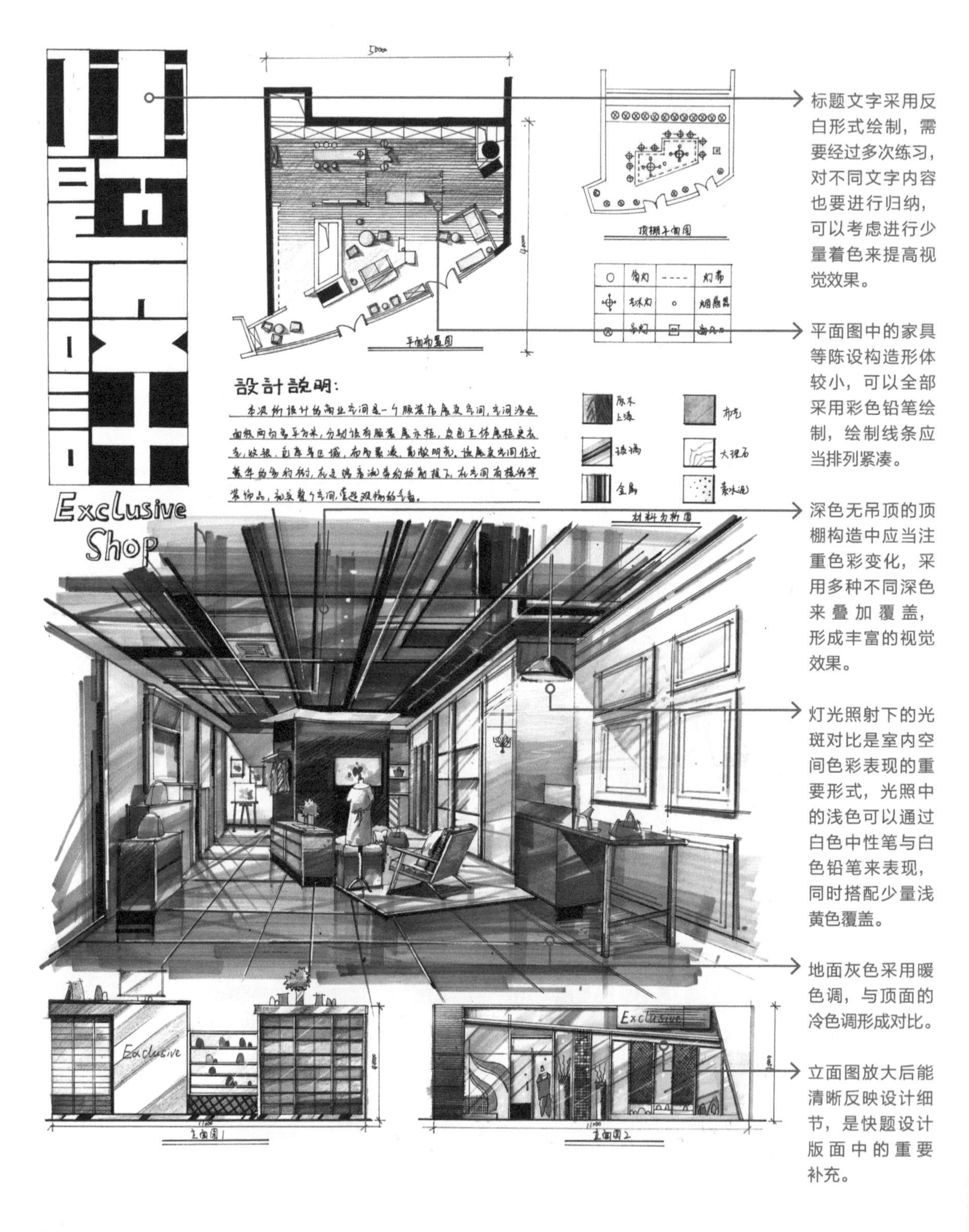

标题文字采用反白形式绘制，需要经过多次练习，对不同文字内容也要进行归纳，可以考虑进行少量着色来提高视觉效果。

平面图中的家具等陈设构造形体较小，可以全部采用彩色铅笔绘制，绘制线条应当排列紧凑。

深色无吊顶的顶棚构造中应当注重色彩变化，采用多种不同深色来叠加覆盖，形成丰富的视觉效果。

灯光照射下的光斑对比是室内空间色彩表现的重要形式，光照中的浅色可以通过白色中性笔与白色铅笔来表现，同时搭配少量浅黄色覆盖。

地面灰色采用暖色调，与顶面的冷色调形成对比。

立面图放大后能清晰反映设计细节，是快题设计版面中的重要补充。

图 6-42 快题设计服装店展卖空间（杨雅楠）

6.5.2 景观空间快题作品

景观空间需要具备一定的观赏性和生态性，它的存在是为了更好地融合城市与生态环境。设计时要遵循可持续发展原则、以人为本原则、可操作性原则以及延续地方文脉原则。在绘制景观空间快题效果图时，要处理好不同植物之间的色彩关系，比例关系以及不同景观与周边环境、不同景观与周边建筑之间的透视关系等，且在快题图稿中还要能表现出景观空间的设计特色，对于空间内的水景、植物景观或其他类小品等的细节也要重点描绘（图 6-43 ~图 6-62）。

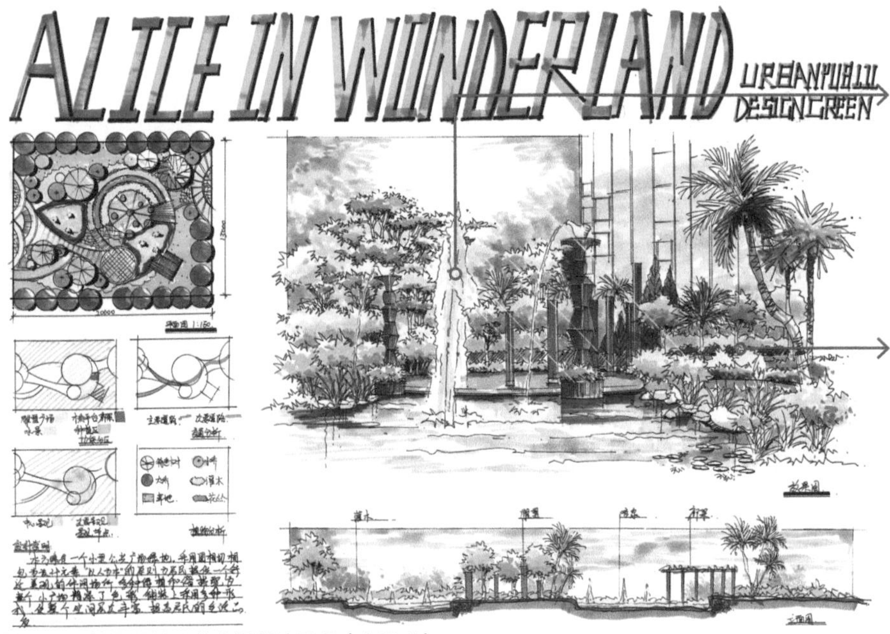

蓝色能让人联想到海洋、河湖，用在此处很合适；此处涂色比较自由，线条绘制也有一定的方向性，且在视觉上不会有凌乱感，能够很好地表现出水景的设计特点。

花红草绿的景象能使人心情愉悦，所绘制的花草树木的基础轮廓都十分清晰，着色也有深有浅，即使是同一色系，色彩的明度和浓度也会有所变化，且花草树木的形态也大有不同，很能表现出该公共广场绿地景观的多样性特征。

图 6-43　快题设计公共广场绿地景观（康题叶）

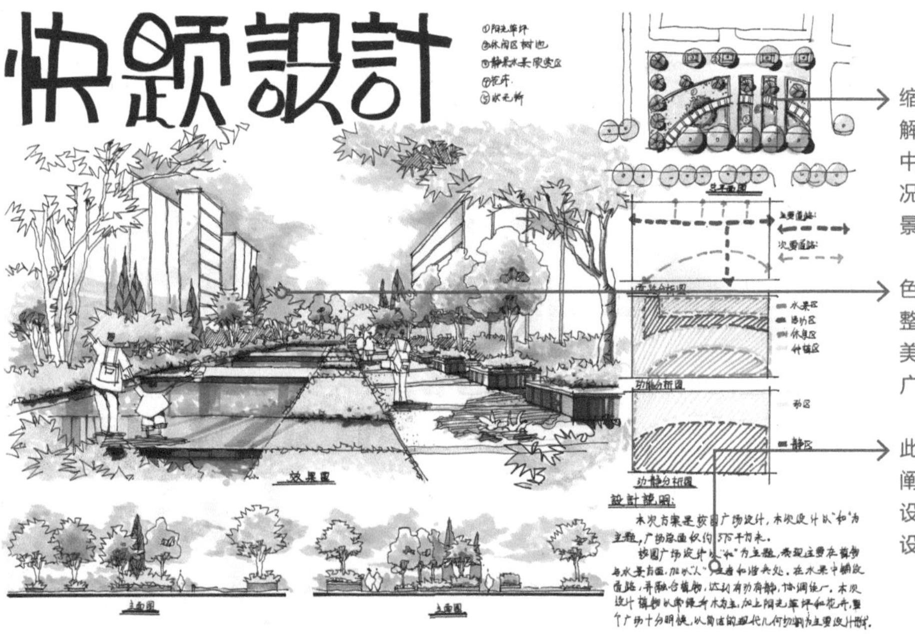

缩小版平面图能够帮助理解此处校园广场景观设计中所包含的交通布局情况、种植布局情况以及水景分布情况等。

色彩的有序叠加能够增强整个画面的层次感和视觉美感，同时也能强化校园广场景观的多样性。

此处设计说明主次分明，阐明了该校园广场景观的设计主题、设计目的以及设计特色等内容。

图 6-44　快题设计校园广场景观（余汶津）

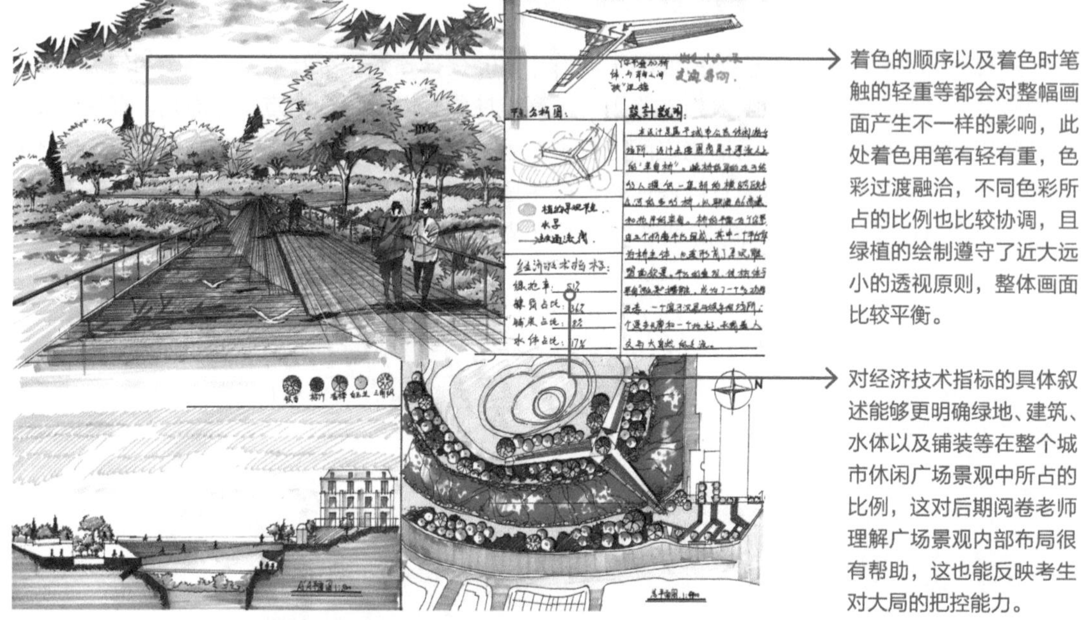

着色的顺序以及着色时笔触的轻重等都会对整幅画面产生不一样的影响，此处着色用笔有轻有重，色彩过渡融洽，不同色彩所占的比例也比较协调，且绿植的绘制遵守了近大远小的透视原则，整体画面比较平衡。

对经济技术指标的具体叙述能够更明确绿地、建筑、水体以及铺装等在整个城市休闲广场景观中所占的比例，这对后期阅卷老师理解广场景观内部布局很有帮助，这也能反映考生对大局的把控能力。

图 6-45　快题设计城市休闲广场景观（刘春雨）

辅助人物的存在是为了增强景观或建筑或桥梁的真实感，此处桥上三三两两散步的行人能够突显景观设计所要营造的悠闲自在的氛围。

所绘制的水景和绿植要能和谐相融，即两者要处于同一季节，且水景边的绿植要符合自然规律，不可随意绘制。不同绿植的高低也要有所不同，这些可反映考生对细节的掌握程度以及对生活的观察能力。

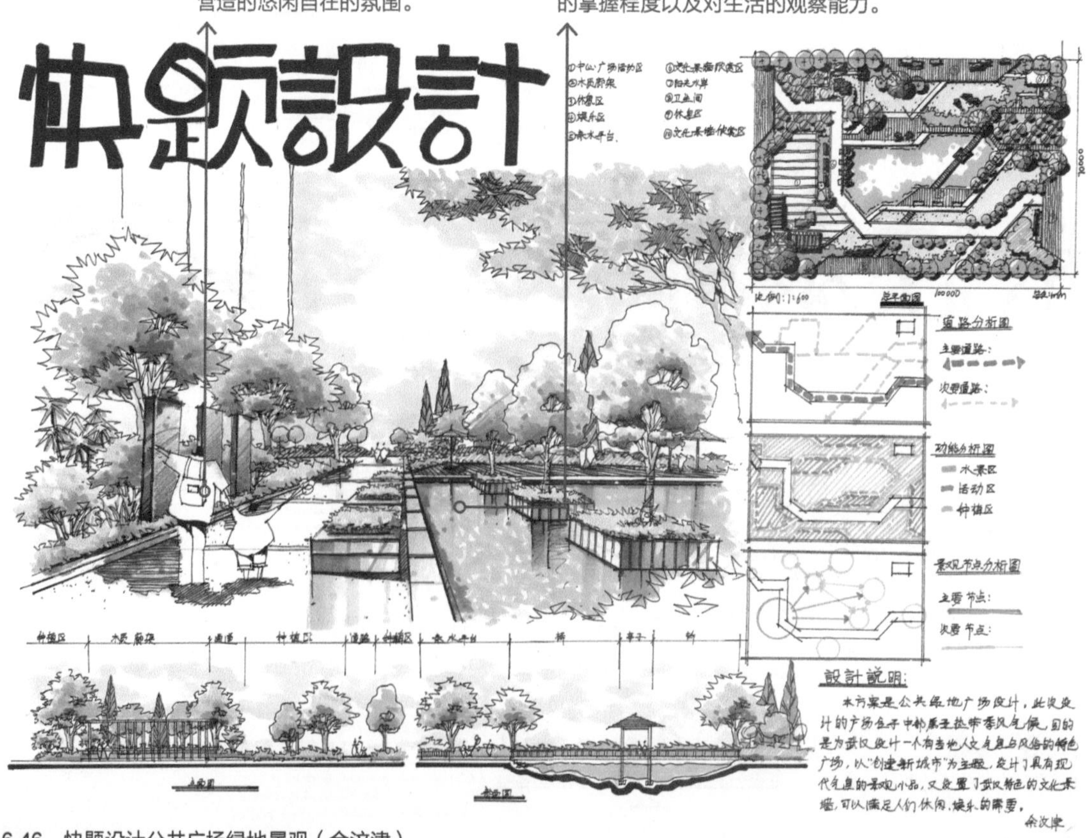

图 6-46　快题设计公共广场绿地景观（余汶津）

剖面图和立面图的存在是为了加深对设计的理解，同时这两类图纸的绘制也能彰显出考生的纵向思维能力和对城市绿地景观施工项目的理解能力。

交通分析图和功能分区图在绘制时要能与整个绿地景观的平面图相对应，要具有逻辑性，且还应当具备一定的指向性。

着色时适当地留白反而能够突显画面的美感，同时这种绘制方式也能使绿植、建筑等更具活泼感。

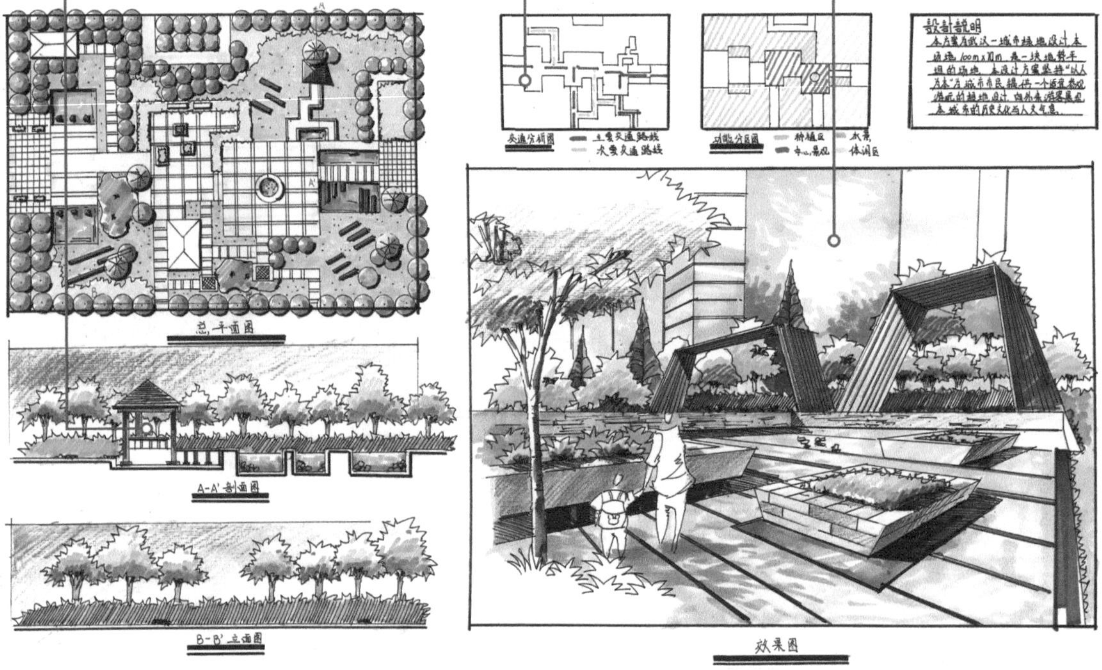

图 6-47　快题设计城市绿地景观（韩宇思）

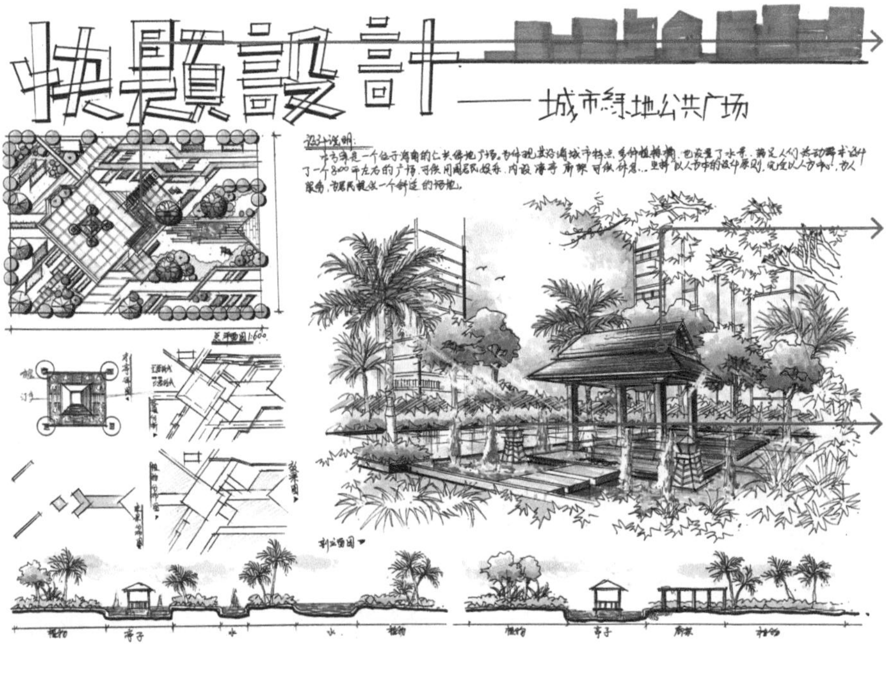

绘制总平面图时需要注意平面绿植的比例问题和所用色彩是否正确及搭配是否合理，这是关乎设计是否平衡的关键。

休闲亭的纹理绘制得很具象，能很好地表现出木质纹理的美感，同时与亭后的绿植相搭配，视觉效果较好。

亭子周边喷涌的池水形象生动，清澈透亮的蓝色在代表着阳光的白色线条的映衬下更显明亮，能给人一种清凉、舒适的感觉。

图 6-48　快题设计公共广场城市绿地景观（康题叶）

木质长廊两侧的绿植具有一定的对称性，同时两侧绿植的色彩也具有一定的互补性和相似性，这也强化了整幅图稿的平衡感。

木质长廊位于画面的视觉中心处，行走于廊下的行人为整幅图稿增强了不少的活泼感和流动感。

功能分区图用于强调设计中需要重点表现的区域，它的绘制与效果图和平面图是相互对应的关系。

图 6-49　快题设计城市绿地景观（李季恒）

分布于道路两侧的绿植具有一定的对称性，这包括位置上的对称和色彩上的对称。

向上延展的树木在纵向视觉上具有一定的引导作用，这种绘制上的逻辑也能强化设计的有序感。

小树池位于画面中心，一大一小的人物位于树池的两侧，正好与树池两侧一高一低的绿植相呼应。

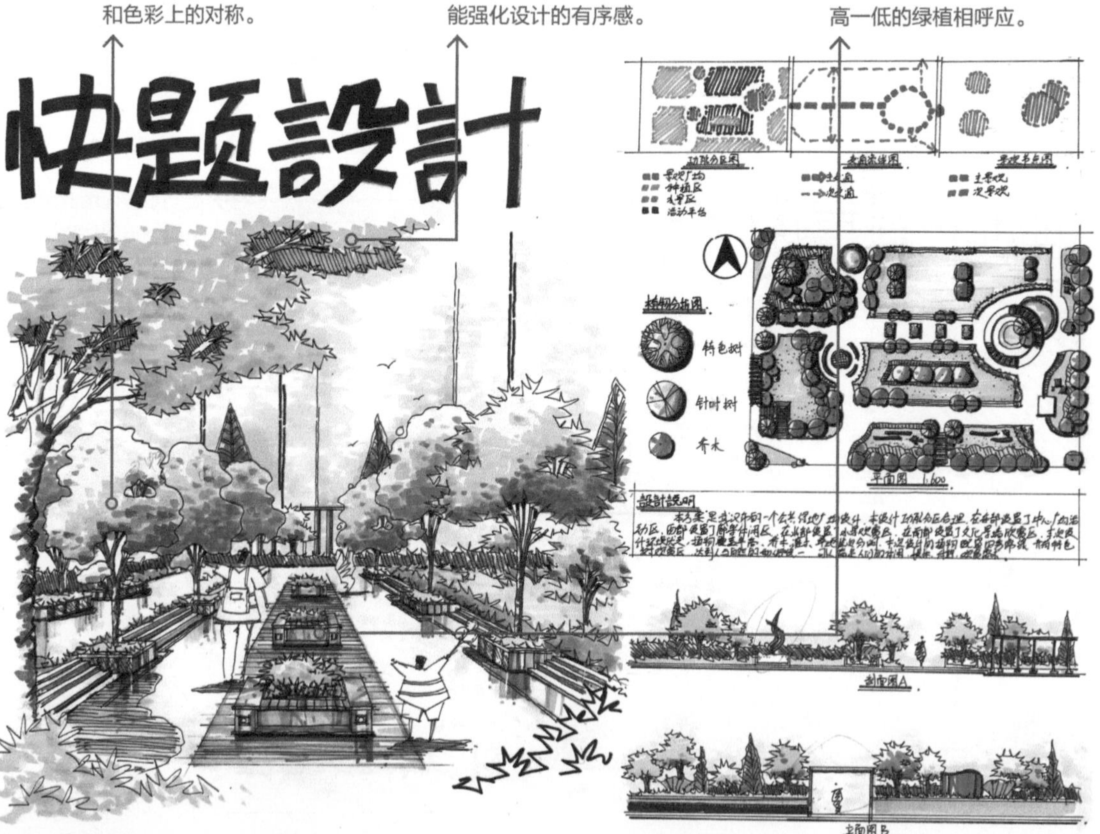

图 6-50　快题设计公共广场绿地景观（王雪逸）

在同一棵树木上着以不同的色彩，这既能展现考生对色彩的掌控能力和对着色技巧的掌握程度，同时也能丰富画面效果，增强视觉美感。

道路分析图、景观节点分析图以及功能分析图等都是为了更好地阐明该城市公共广场绿地景观的设计布局，为了区分这三种图，除去文字标注外，着以代表性的色彩也不失为一种不错的方式。

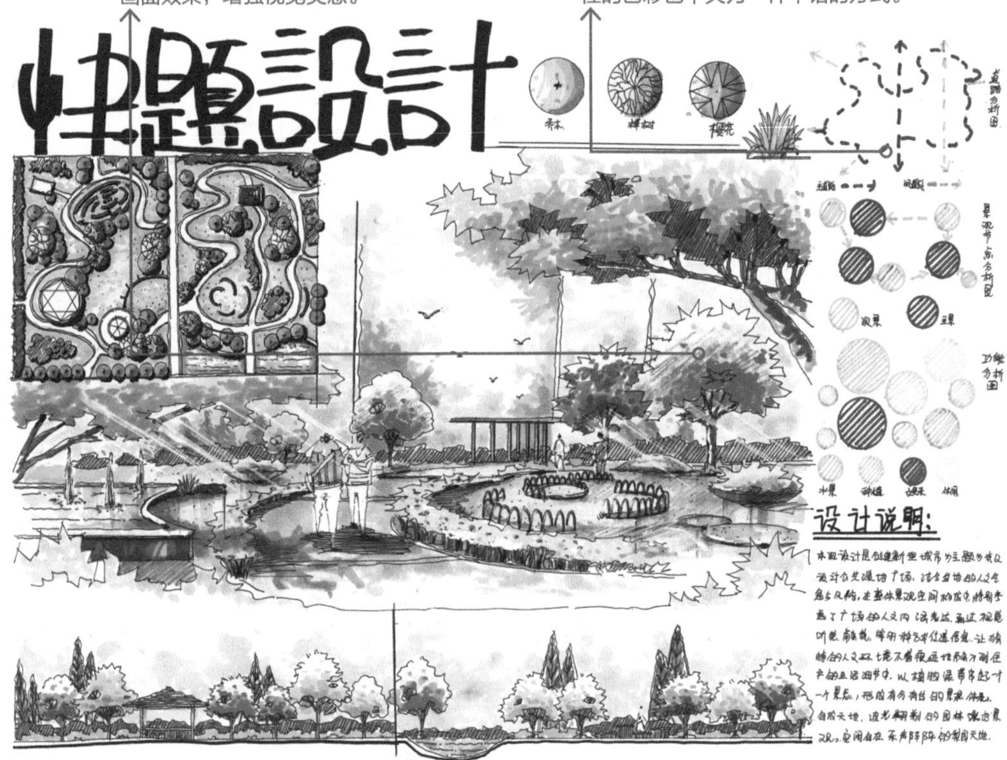

图 6-51　快题设计公共广场城市绿地景观（史芳蕾）

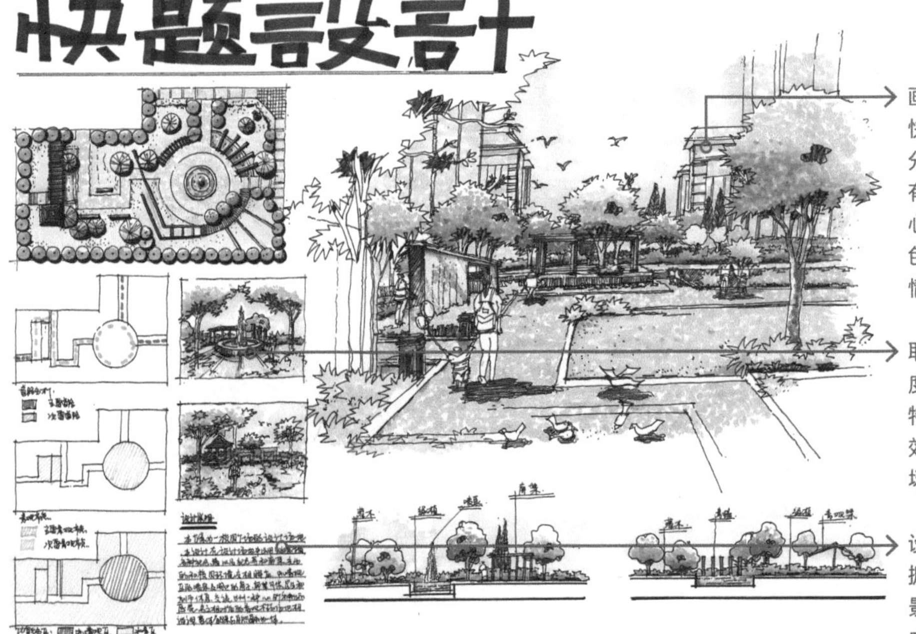

画面构图的平衡是绘制快题图稿很重要的一部分，此处画面两侧都绘制有建筑，且色泽一致，中心绿植两侧的色彩均为粉色，画面不会出现失重的情况。

取局部景观，以不同的角度来展现校园广场景观的特色，既能丰富图面视觉效果，也能增强对校园广场景观设计布局的理解。

设计说明立意准确，简明扼要地阐明了该校园广场景观的设计内容和设计内涵。

图 6-52　快题设计校园广场景观（徐玉林）

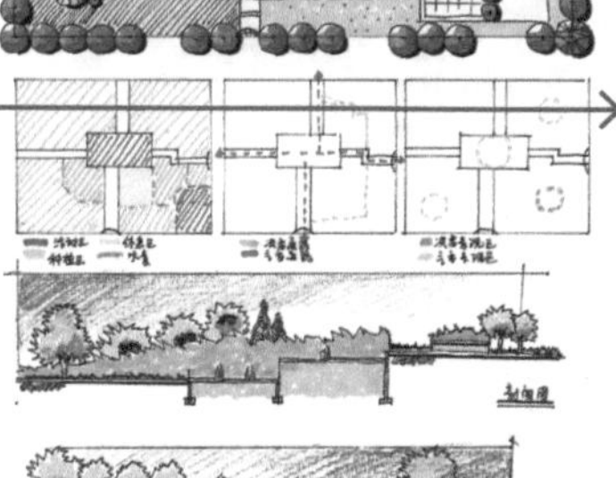

从总平面图中可以看出城市绿地景观设计布局的逻辑性和规整性，所绘制的线条丝毫不显凌乱，且收笔果断、利索，绘制节奏把控得很好。

用不同深浅度的色彩表现出水景的高度差，这不仅增强了画面的真实感，同时也强化了整幅图稿的立体效果，对高度差和明暗界线的合理绘制也使得图稿上的景象显得不那么平庸。

图 6-53　快题设计城市绿地景观（杨雅楠）

图中绘制的呈阶梯状的立面图能够很好地表现出该绿地景观绿植和水景布局的特点。

设计说明要求立意准确，此处说明内容简单、明了，很清楚地阐明了该城市公共绿地景观设计的目的和内涵。

横向并列分布的功能分区分析图、交通分析图以及景观节点图等能够迅速地表现出该城市公共绿地景观设计的重点，且图中对色彩的应用也能与主效果图中的色彩相呼应。

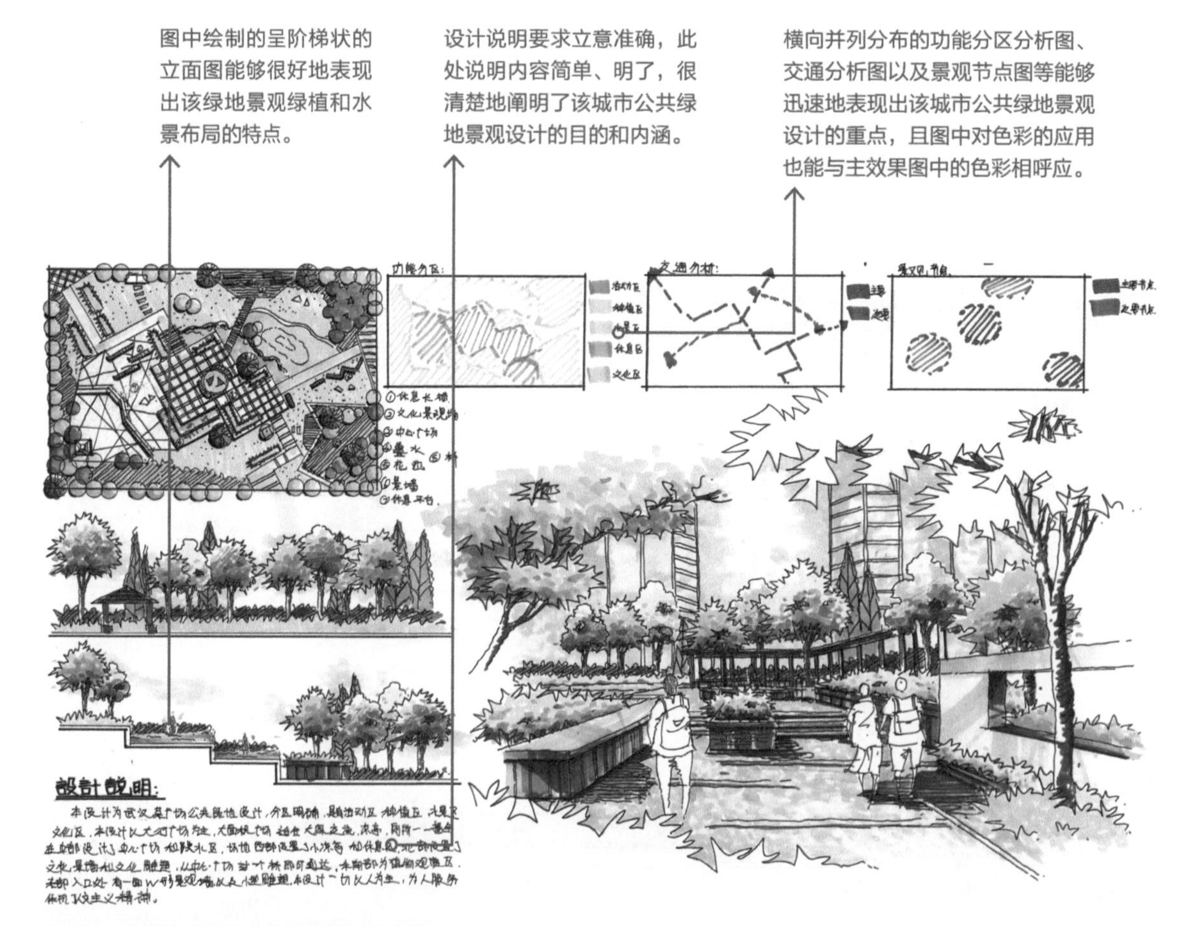

图 6-54　快题设计城市公共绿地景观（叶妍乐）

空中自由翱翔的飞鸟赋予了整个画面更多的生动感和活跃感，同时飞鸟与周边的建筑、绿植等形成动与静的对比，结合路上零散的行人，以及即将放飞的气球和波光粼粼的水面等，一幅悠然自得的校园广场景观便宛在目前。

选取校园广场景观中比较重要的喷泉景观，做放大化的绘制处理，这不仅能丰富图面的视觉效果，同时也能点明校园广场景观的设计重点，并增强对校园广场景观设计布局的理解。

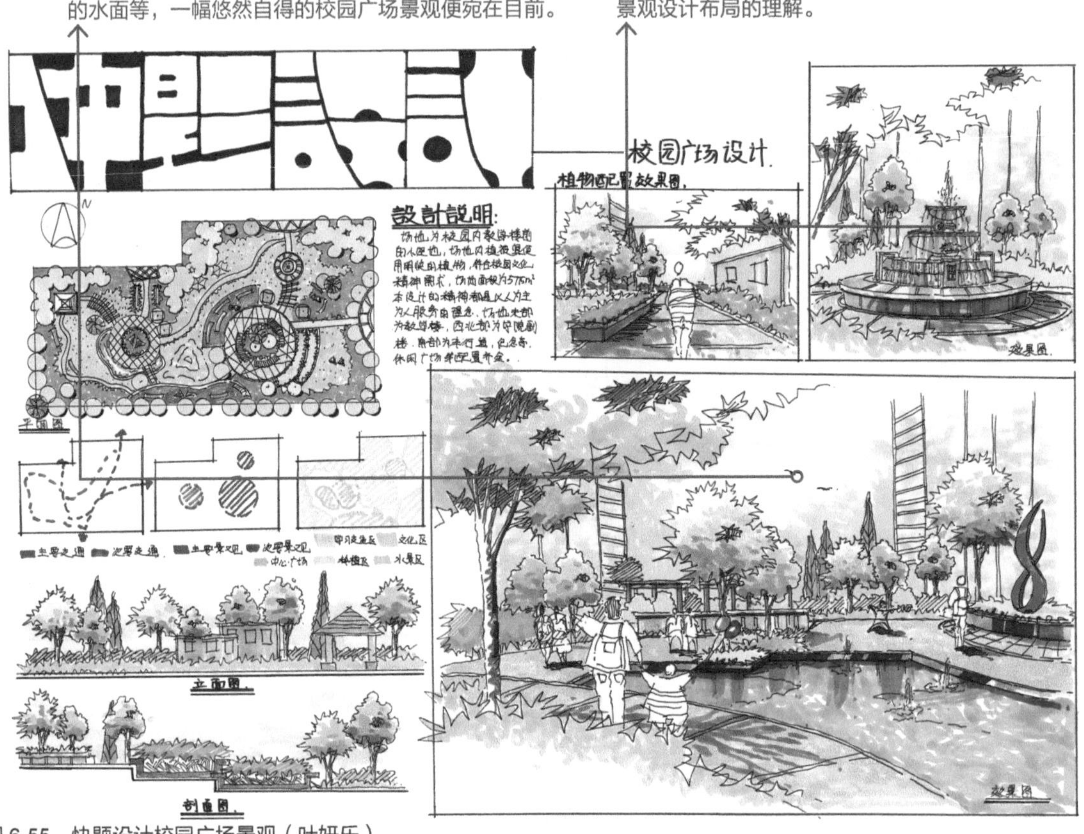

图 6-55 快题设计校园广场景观（叶妍乐）

快题设计

腾空的气球，行走中的路人以及潺潺的流水，配上寥寥数笔的建筑和淡抹的高大乔木，一切都显得宁静而又美好，这也是庭院景观设计所要追求的一种境界。

潺潺流水从壶中喷涌而下，汇入寂静的水池中，配上生长于壶周边的绿植，这便又是一处令人心旷神怡的自然美景，同时对水景、绿植及景墙的细致绘制，也使得庭院景观设计所追求的悠闲、舒适的氛围更显浓郁。

设计说明：

图 6-56 快题设计庭院景观

空中飞鸟以及道路的绘制均严格遵守了近大远小的透视原则，同时飞鸟的动与建筑、绿植的静形成鲜明的对比，这无疑增强了公园景观的生态活力。

呈横向并列分布的功能分区图、节点分析图以及交通分析图等能够很清楚地表现出该公园景观设计的重点，同时这些分析图也能起到一定的引导作用。

图 6-57 快题设计公园景观（王雪逸）

平面布局采用环绕形式，是公共广场绿地中最常见的手法，结合了中西方景观设计优势，地面铺装形成丰富的网格状，在画面中具有层次感。

树木采取点绘法，简单快捷、层次分明，白色中性笔模拟光照穿透效果，使画面具有很强的生活气息。

水中颜色采用深、浅两种不同的蓝色，保留中央的反光与高光，形成强烈的色彩对比。

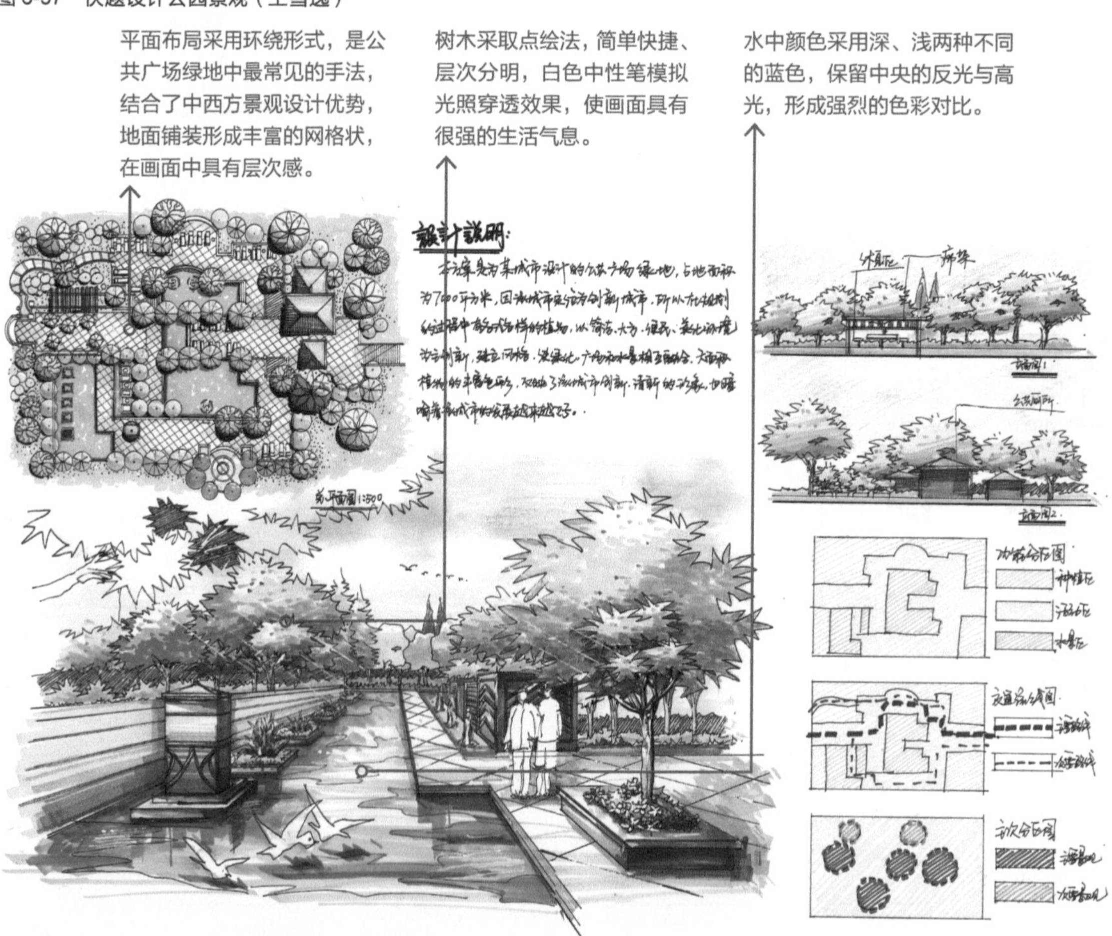

图 6-58 快题设计公共广场绿地景观（李瑾璇）

近处的小品造型色彩对比强烈，具有很强的厚重感与体积感。

景观立面图的表现方法相对容易，对尺寸与比例的控制不太严格，远处云彩表现应当更加轻松随意。

与小品造型相对应的水面颜色也应当加深，虽然色彩不同，但是明暗对比度相当，给画面造成很强烈的视觉效果。

在平面布局中，入口处的水景与桥梁相搭配，将室内外空间有机结合在一起。

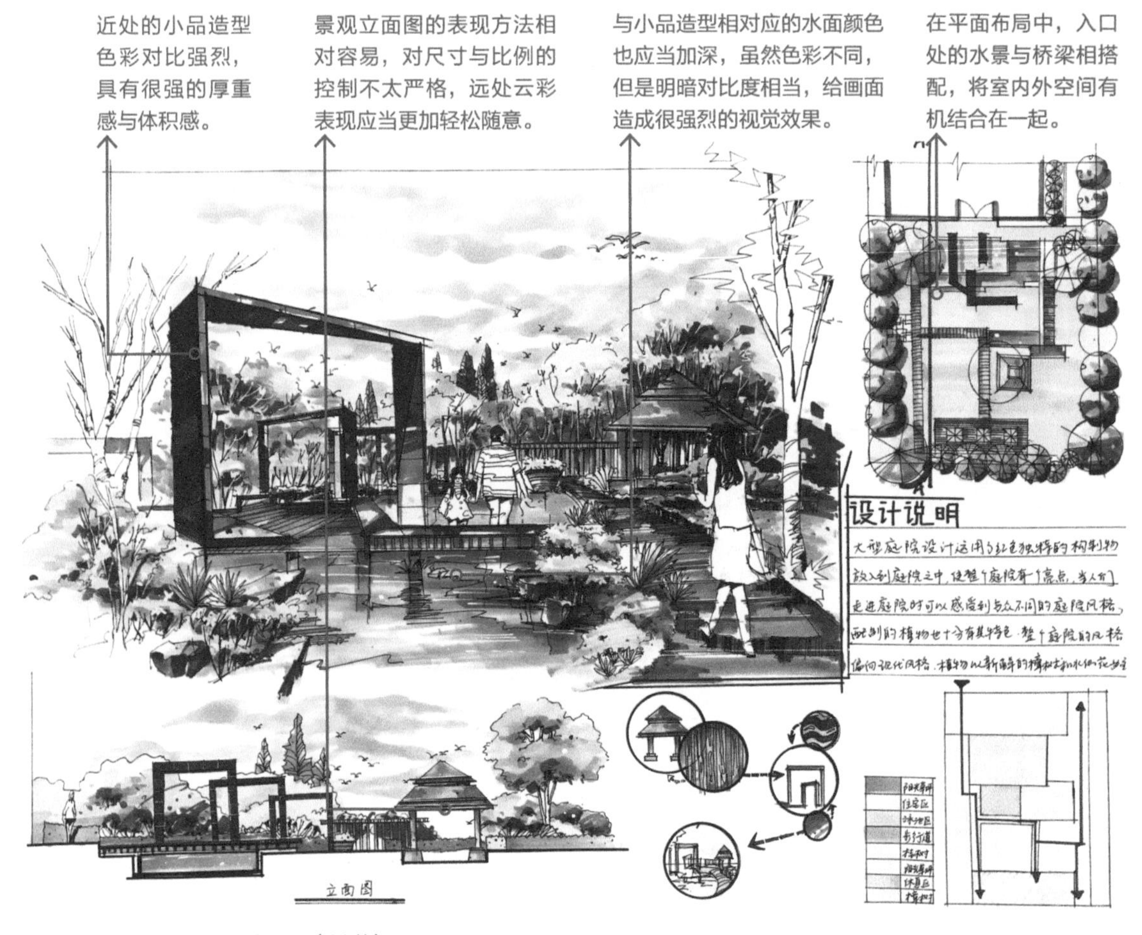

图 6-59　快题设计公共庭院景观（刘琪）

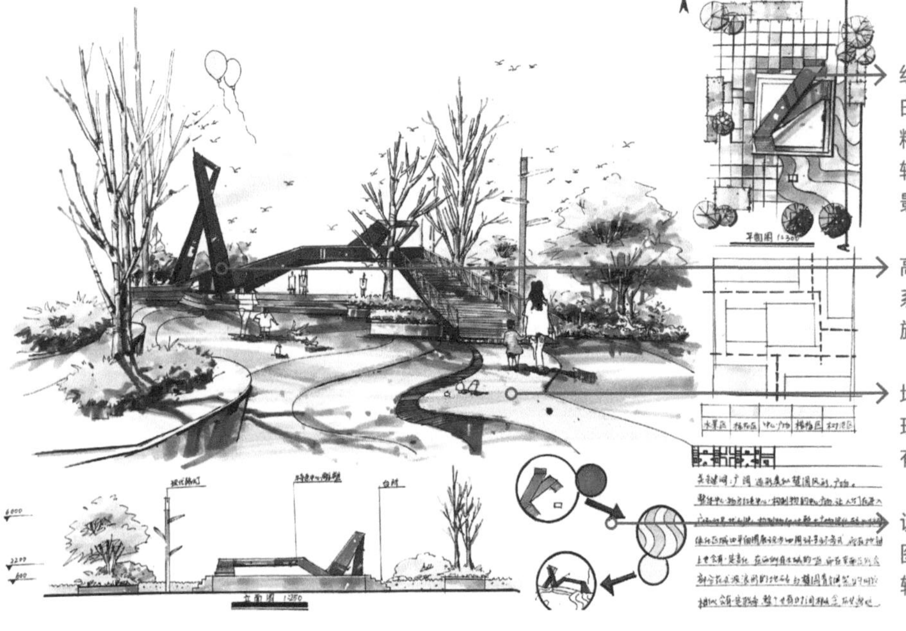

红色造型特别醒目，搭配白色涂改液高光显得十分精致，周边地面铺装色彩较深，能衬托出中央雕塑景观。

高强度对比形成黑白关系，导致天空云彩无须多施加笔墨。

地面采用曲线造型分色处理，使单调的地面铺装富有变化。

设计元素的推敲采用气泡图来表现，具有很强的逻辑性。

图 6-60　快题设计住宅小区广场景观（刘琪）

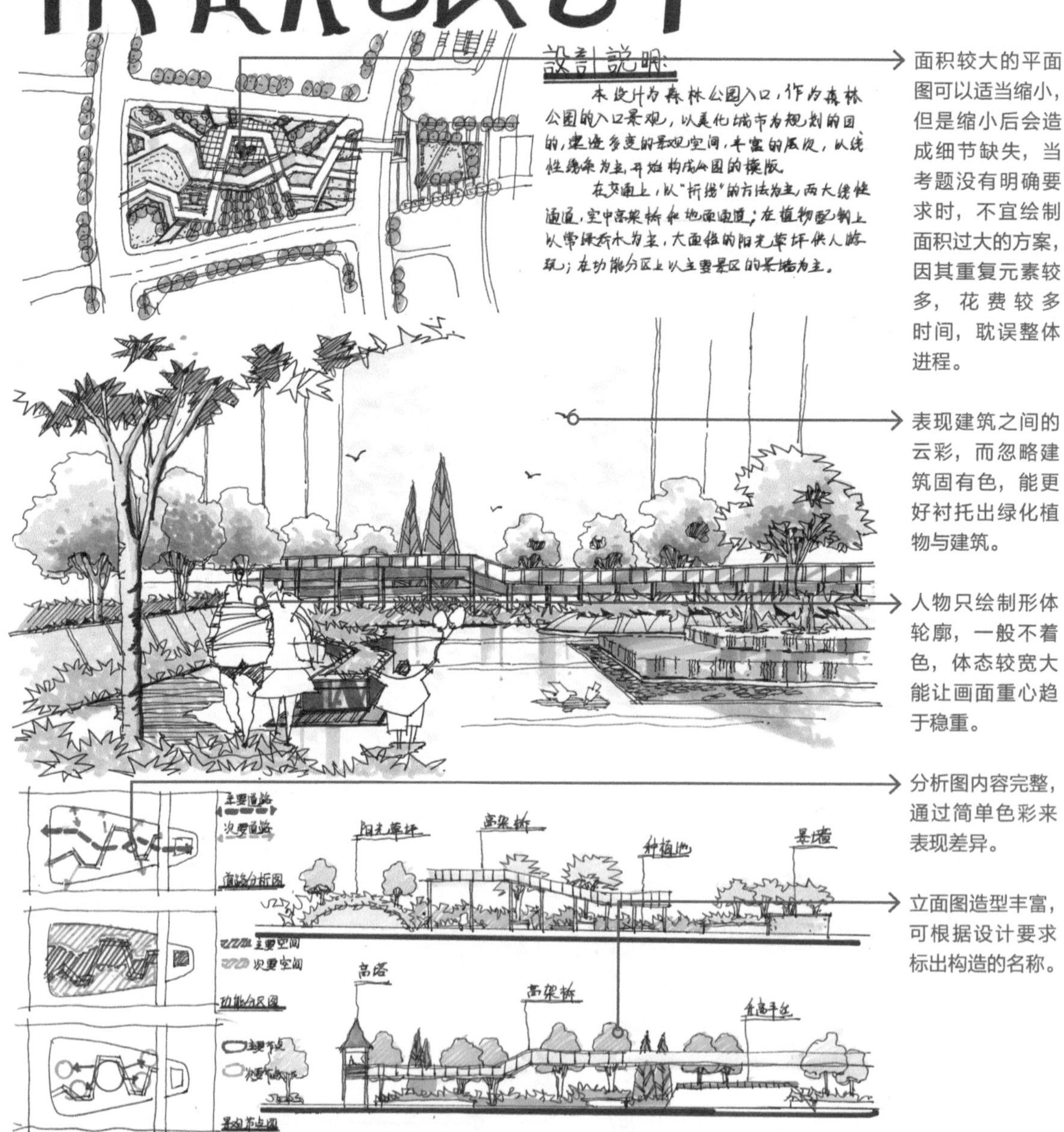

面积较大的平面图可以适当缩小，但是缩小后会造成细节缺失，当考题没有明确要求时，不宜绘制面积过大的方案，因其重复元素较多，花费较多时间，耽误整体进程。

表现建筑之间的云彩，而忽略建筑固有色，能更好衬托出绿化植物与建筑。

人物只绘制形体轮廓，一般不着色，体态较宽大能让画面重心趋于稳重。

分析图内容完整，通过简单色彩来表现差异。

立面图造型丰富，可根据设计要求标出构造的名称。

图 6-61　快题设计森林公园入口景观（余汶津）

图 6-62　快题设计滨水景观

参考文献

[1] 张炜，杜娟．建筑环境快题设计表现 [M]．北京：中国水利水电出版社，2014.

[2] 曾添．室内设计手绘技法与快题表现 [M]．2 版．北京：人民邮电出版社，2022.

[3] 李根，曾惜．画说景观设计手绘 [M]．北京：人民邮电出版社，2019.

[4] 魏丽，凡鸿．景观快题设计与表现 [M]．北京：北京理工大学出版社，2017.

[5] 李待宾，孙云娟．完全绘本——零基础室内手绘快题表现 [M]．武汉：湖北美术出版社，2014.

[6] 邓蒲兵，孙大野，王姜，等．景观快题范例解析 [M]．沈阳：辽宁科学技术出版社，2017.

[7] 贾雨佳，陈骥乐，郭贝贝．麦克手绘・室内快题设计与表现 [M]．北京：人民邮电出版社，2017.

[8] 三道手绘．景观快题高分攻略 [M]．沈阳：辽宁科学技术出版社，2014.

[9] 杨健，邓蒲兵．室内空间快题设计与表现 [M]．2 版．沈阳：辽宁科学技术出版社，2019.

[10] 任全伟．园林景观快题手绘技法 [M]．2 版．北京：化学工业出版社，2023.

[11] 李国胜，秦瑞虎，杨倩楠．室内快题设计方法与实例 [M]．南京：江苏凤凰科学技术出版社，2017.

[12] 贾新新，唐英．景观设计手绘技法从入门到精通 [M]．2 版．北京：人民邮电出版社，2017.

[13] 李国涛，邱蒙，高奥奇，等．景观快题设计手绘表现 [M]．上海：东华大学出版社，2017.

[14] 潘金瓶．表现与应试技巧 [M]．大连：大连理工大学出版社，2011.